2017-2018年中国工业和信息化发展系列蓝皮书

The Blue Book on the Radio Application and Management in China (2017-2018)

2017-2018年
中国无线电应用与管理
蓝皮书

中国电子信息产业发展研究院　编著

主　编／刘文强

副主编／李宏伟

人　民　出　版　社

责任编辑：邵永忠
封面设计：黄桂月
责任校对：吕　飞

图书在版编目（CIP）数据

2017－2018年中国无线电应用与管理蓝皮书／中国电子信息产业发展研究院编著；刘文强 主编．—北京：人民出版社，2018．9
ISBN 978－7－01－019868－2

Ⅰ．①2…　Ⅱ．①中…　②刘…　Ⅲ．①无线电通信—研究报告—中国—2017－2018　Ⅳ．①TN92

中国版本图书馆 CIP 数据核字（2018）第226101号

2017－2018年中国无线电应用与管理蓝皮书
2017－2018 NIAN ZHONGGUO WUXIANDIAN YINGYONG YU GUANLI LANPISHU
中国电子信息产业发展研究院 编著
刘文强 主编
人民出版社出版发行
（100706　北京市东城区隆福寺街99号）
北京市燕鑫印刷有限公司印刷　新华书店经销
2018年9月第1版　2018年9月北京第1次印刷
开本：710毫米×1000毫米 1/16　印张：10.5
字数：170千字　印数：0,001—2,000
ISBN 978－7－01－019868－2　定价：45.00元
邮购地址　100706　北京市东城区隆福寺街99号
人民东方图书销售中心　电话（010）65250042　65289539

前 言

2017年，我国无线电技术应用蓬勃发展。包括5G、物联网、车联网、AR/VR、人工智能在内的多项技术与应用呈现百花齐放的态势，全球顶尖科技企业纷纷布局相关领域，无人驾驶、虚拟现实、人工智能等均出现试验性产品。伴随新兴技术及应用的加速推进，数字化、网络化、智能化将渗透到核心硬件制造、系统研发、网络运营及服务等各个层面，产业边界消退，无线电相关的新技术新业态融合创新迸发强大生命力，并带动生产方式的智能化改造。无线电技术将扮演愈来愈重要的角色，无线电频谱成为稀缺的战略性资源。十九大报告明确指出，要推动互联网、大数据、人工智能和实体经济深度融合。频谱资源作为信息传输无所不在的重要载体，是新一代信息技术快速发展不可或缺的资源保障。与此同时，我国频谱管理工作也与时俱进，陆续出台系列政策法规，无线电管理法律法规建设取得重大进展。

由工业和信息化部赛迪研究院无线电管理研究所编撰的《2017—2018年中国无线电应用与管理蓝皮书》，以全球最新技术应用和管理现状为背景，以我国无线电技术、应用与管理为核心，对2017—2018年中国无线电应用与管理进行了总结与展望。报告系统梳理了全球和我国2017年无线电技术与应用的最新重大进展，分析了发展趋势。以专题的形式从管理角度叙述和分析了当前无线电管理领域正在解决的主要问题，深入研究分析了我国无线电应用及管理的政策环境，对2017年出台的一些重点政策进行了解析，对我国无线电技术、应用和管理方面出现的热点事件进行了简要评析。报告还探讨了国内外无线电技术、应用和产业发展趋势，提出适用于我国无线电管理工作的理论和方法，并对我国无线电管理工作进行展望。相信本书对于了解和把握无线电技术和应用发展态势，研判产业发展趋势，促进无线电管理思路、模式和方法的创新具有重要意义和参考价值。

希望本书的研究成果能为主管部门决策、学术机构研究和无线电相关产业发展提供参考和决策支撑，为促进各项无线电管理工作的开展和无线电相关产业发展贡献一份力量。由于我们的能力、水平和某些客观条件所限，本书中必然存在一些不足之处，恳请读者批评指正。

目　　录

政　策　篇

热　点　篇

展 望 篇

综 合 篇

第一章　2017年全球无线电领域发展概况

第一节　全球无线电技术及应用发展概况

一、全球低功耗广域网（LPWAN）建设全面展开[①]

（一）非蜂窝LPWAN率先部署

NB－IoT和eMTC作为蜂窝LPWAN的代表，其核心标准在2016年年中冻结，2017年刚刚正式启动商用。相比之下，LoRa等非蜂窝LPWAN技术具有了1年多加速发展的时间窗口，其产业链更加成熟，项目落地经验也更加丰富。基于此，很多国外运营商非常重视LoRa技术，在NB－IoT标准落地前就开始进行运营商级网络的建设。

荷兰：2016年7月，荷兰电信商KPN利用LoRa技术，率先推出全球首个覆盖全国的物联网网络。为了节约成本和快速部署，KPN最大程度重复利用了其原有的基站等基础设施，从而快速建设出一张全国范围的物联网网络。

法国：2016年，法国电信运营商Orange正式加入LoRa联盟。截至2017年年中，Orange的LoRa网络已经覆盖法国4000个城镇。根据Orange公开的资料显示，该公司计划在2017年底前实现LoRa网络全国范围全覆盖。

德国：2015年，Semtech和Digimondo在德国柏林、汉堡和纽伦堡三个城市部署LoRa测试网络。截至目前，公司已经在德国25个主要大城市完成了LoRa网络部署，并测试完毕。Digimondo计划在2017年实现全德国LoRa网络

① 彭健：《国外低功耗广域网发展及启示》，《通信产业报》2017年11月20日。

的无缝覆盖。

瑞士：瑞士电信（Swisscom）作为瑞士本土的垄断性移动运营商，早在2015年3月LoRa Alliance成立之时便加入，并宣布要加快在瑞士部署LoRa网络。时隔一年，Swisscom正式宣布开始着手部署。

韩国：韩国SK电讯是韩国最大的移动通信运营商，2015年7月该公司加入LoRa联盟。目前韩国SK电讯已经在全国范围内部署了通过基于LoRa技术的低功耗广域网，覆盖了韩国99%的人口，并计划到2017年底实现其LP-WAN设备连接数超过400万的目标。

（二）蜂窝LPWAN加速追赶

从NB-IoT/eMTC核心标准冻结后，蜂窝LPWAN产业链各方表现十分活跃，国际上LPWAN发展态势有了新变化。目前来看，之前已经部署LoRa或SigFox的运营商正在计划部署NB-IoT或eMTC，而之前尚未部署LPWAN的部分运营商甚至会优先考虑蜂窝LPWAN。据GSA《NB-IoT和LTE-M演进报告》（8月版）显示，目前全球共有8家运营商正式商用NB-IoT，3家运营商正式商用eMTC，16家运营商正在计划建设NB-IoT或eMTC网络。从区域来看，欧洲和亚洲更青睐NB-IoT方案，而北美市场目前将重点聚焦于eMTC。

德国：德国电信（DT）于2016年10月在德国启动了全球第一个完全标准化的NB-IoT网络。并且，DT在2017年初对外公开表示，将继续在欧洲8个国家部署NB-IoT商用网络。

西班牙：2017年1月，沃达丰在西班牙的瓦伦西亚和马德里推出了NB-IoT商用网络，到第一季度末NB-IoT基站增加至1000余个，每个基站可接入10万部终端。沃达丰最终目标是实现NB-IoT网络覆盖西班牙全境，为1亿多用户提供窄带物联网服务。

韩国：为与SK电讯早先推出的LoRa网络竞争，2016年11月韩国电信运营商KT与LG Uplus达成NB-IoT合作共识，可理解为“网络、生态共建共享，业务相互竞争”，有助于网络快速建设和产业生态完善。2017年7月，KT与LG Uplus共同宣布建成覆盖全国的NB-IoT网络。

美国：目前美国四大电信运营商除了T-Mobile以外，其他三大运营商都已经开始部署蜂窝 LPWAN。Verizon——2017 年 3 月正式商用 LTE - M（eMTC）网络，业务套餐最低门槛为 2 美元/部设备/月；Sprint——目前已经完成全美范围的 LTE Cat 1 网络部署，计划 2018 年建设 LTE - M（eMTC）网络；AT&T——2017 年 5 月完成全美 LTE - M 网络部署，最低收费仅为 1.5 美元/部设备/月。

二、5G 研发及网络建设取得新进展

美国：美国政府方面，2017 年 12 月，美国政府公布了新版《美国国家安全战略报告》，报告明确了建设 5G 网络是维护国家安全的重要任务之一，可见美国政府对 5G 建设的重视。运营商方面，AT&T 计划在 2017 年底前将 5G 网络测试扩大到美国三个城市中；而 Verizon 于 2017 年在包括亚特兰大、达拉斯、丹佛、迈阿密、休斯敦、西雅图、华盛顿特区、圣克拉门托等 11 个城市中进行了 5G 网络试运营，并计划将于 2018 年在美国 5 座城市推出 5G 商用网络服务。

英国：2017 年 3 月，英国文化、媒体及体育部（DCMS）正式发布《下一代移动技术：英国 5G 战略》，报告称将利用 5G、全光纤网等技术确保英国在下一代通信网络中的引领地位。在资金方面，英国政府表态将在数字基础设施建设方面投入 11 亿英镑，同时已确定引入 50 亿英镑私营资本。为了实现战略目标，英国政府还在标准制定、监管措施、频谱规划、网络部署、人才建设等方面制定了完善的行动方案。

俄罗斯：俄罗斯非常重视包括 5G 在内的移动通信网络建设，首都莫斯科市已成为全球最发达的移动通信市场之一。研发方面，莫斯科市政府计划与国内大型电信运营商成立联盟，共同推动 5G 技术的发展和网络的部署。应用方面，俄罗斯电信公司 Megafon 计划在 2018 年世界杯期间，将莫斯科、圣彼得堡等主要城市作为 5G 实验区域。

韩国：2017 年 6 月，韩国最大的运营商 SKT 携手在三星水原产业园进行基于 3.5GHz 频段的 5G 新标准原型测试，吞吐量达到 1Gbps，小区总速率 10—20Gbps。另外，LG U + 与华为共同完成包括 IPTV 4K 超高清视频实时点播业务、验证双连接和小区间切换等技术在内的 5G 大规模商用网络测试。作

为韩国第二大运营商，韩国电信（KT）不遗余力推进5G布局，并成为本次冬奥会主要运营服务商，将于2018年2月提供全球首个5G预商用服务和全球首批5G商业化服务。

日本：为迎接2020年东京奥运，日本展开一系列5G布建措施，包含以NTT DOCOMO为首推行超高画质串流服务，实现先进的城市安全监控与远程医疗服务；NTT Communications主推2Gbit/s的高行动交通环境；以及KDDI和Softbank强调低延迟所分别推行的远程操作工程机械和车辆列对行驶与卡车远程操作应用。于室内应用部分，由ATR提供高达5Gbit/s的体育馆娱乐应用，以及NICT主推的智能办公室等计划。

巴西：目前巴西网络基础设施相对落后，数据显示2017年巴西4G网络用户覆盖率仅为55.29%，相当数量的用户上网仍然停留在2G和3G网络。尽管如此，巴西网民的上网需求巨大，尤其是高速上网需求，巴西被视为具有巨大发展潜力和战略意义的互联网市场。2017年2月，巴西政府正式确定在巴西实施5G网络计划项目，并着手在巴西国内推动移动生态系统的建设。

三、全球通信卫星部署数量创新高

美国：2017年，美国共发射51颗通信卫星，其中军用2颗，民商用49颗。

- 进一步扩充现役系统能力，谋划构建分级式防护卫星通信体系。2017年，五国合资建设的WGS-9成功发射入轨，在一定程度上弥补美军近年来不断拉大的容量需求缺口基础上，打造了国际合作、战略利益捆绑的新模式。窄带系统方面，11月，MUOS-5主承包商洛马公司（LM）正式完成向海军卫星操作中心（NAVSOC）的在轨交付，标志着MUOS星座至少已经具备了UHF频段的全运行能力。此外，美军还着眼下一代军用通信卫星体系的建设，发布多轮招标合同开展深化研究，其构建防护战略与防护战术分层式的体系构想也日趋明确。
- 传统低轨系统快速更新换代，新兴星座计划引领全球态势变迁。“铱”（Iridium）星座在2017年成功完成4批次新一代卫星的发射，顺利推进整个系统的更新换代和服务解决方案的性能升级。另一方面，以一网公司（One-

Web）和太空探索技术公司（SpaceX）为代表的新兴星座计划加快推进融资、准入协调、系统建设和服务预售合作等任务，竞争格局逐步明显，吸引了产业链各环节重要宇航企业加入其中，极大地带动了全球低轨通信领域的整体态势演变。

• 全球单星容量纪录再度刷新，高通量系统向新应用领域拓展。2017年，高通量卫星在美国发射的GEO通信卫星中占比继续增大，国际通信卫星公司和卫讯公司稳步推进各自系统部署和升级工作，Viasat－2最大容量达300Gbit/s，成为迄今运行的单星容量最大的卫星系统，在继续提升服务性价比的同时，也将行业竞争推向新高点。此外，以机载Wi-Fi等为代表的新兴应用成为高通量卫星系统的重要切入点，引领运营商深度布局该领域业务。

欧洲：2017年，欧洲共发射9颗通信卫星，全部为民商用通信卫星。

• 大力推进下一代系统规划发展，积极考虑多元化能力建设途径。英国方面，天网－6（Skynet－6）星座方案仍在论证之中，计划2021年左右完成招标，之后2～3年内实现首星发射，随后逐步实现两代星座过渡，并持续服务到2040年。法国方面，已启动下一代星座研制，包括2颗GEO卫星，工作于X、Ka频段，计划2021—2022年部署。意大利方面，正在评估发展锡克拉－3（Sicral－3）系统，预计将包括2颗小型的GEO卫星，采用全电推进平台，单星发射质量小于2t，容量约为22Gbit/s。

• 新型通信卫星平台首发成功，加剧小型GEO卫星制造市场竞争。2017年，欧洲历经10余年、通过设立专项计划、自主研发的SmallGEO平台正式启用。SmallGEO平台由德国不来梅轨道高技术公司（OHB）研制，主要目标领域为GEO通信卫星，但模块化设计也保证了其无须对平台进行大调整，即可根据用户需求灵活改装为对地观测、气象等不同任务的卫星。2017年发射的SmallGEO平台版本支持卫星发射质量最高达3500kg，采用混合推进系统，载荷质量最高450kg，载荷供电功率5kW，可搭载多达32路转发器，设计寿命15年。

• 运营商松绑与地面C频段竞争，产业界联合推进5G星地融合。2017年11月，欧洲卫星公司（SES）发表声明指出，可以接受国际通信卫星公司和英特尔公司（Intel）提出的将更多C频段资源向5G网络开放的方案，但前提是不能划走整个C频段，需要适当的经济补偿，且不能中断该公司向客户提供服务的能力。泛欧层面，2017 年 6 月，ESA 通信部主管和来自包括空客防务与航天公司、泰雷兹—阿莱尼亚航天公司、SES 公司、欧洲通信卫星公司、国际移动卫星公司（INMARSAT）等在内的 16 家卫星运营商、服务商及制造商的代表签署了“卫星 5G”（Satellite for 5G）联合声明，计划在 30 个月内摸索出卫星通信和 5G 无缝集成的最佳方案，并在欧洲进行试用。

俄罗斯：2017 年，俄罗斯仅发射 1 颗通信卫星，主要用于军事目的。

• 持续更新在轨军事系统能力，启动“钟鸣”系列卫星部署工作。2017 年，俄罗斯军方推进 HEO 轨道的“子午线”（Meridian）卫星更新换代，信息卫星系统—列舍特涅夫公司（ISS Reshetnev）获得 4 颗升级版的 Meridian－M 卫星订单，计划于 2018 年底建造首星，后续 3 颗卫星将分别于 2019 年、2020 年和 2022 年建造。新部署的“钟鸣－1”（Blagovest－1）卫星在 9 月 16 日正式进入了 45°（E）的轨道位置。

• 拓展“快讯”系列卫星服务范围，落实后续卫星研制建造工作。2017 年，俄罗斯卫星通信公司（RSCC）与多家中东地区卫星服务商签署合作协议，允许后者使用 Express－AM6、AM7 和 AM22 等卫星为中东、中亚、南亚等地区提供通信服务，有效拓展了亚洲市场。Express 系列后续 2 颗卫星 Express－80 和 103 研制工作也顺利推进，计划于 2019 年第三季度发射，2020 年第一季度开始投入使用。

日本：2017 年，日本共发射 2 颗通信卫星。

• 1 月，煌－2（DSN－2）卫星在种子岛太空中心成功发射，成为日本第一颗专用军用通信卫星。原定于 2016 年 7 月利用阿里安－5（Ariane－5）火箭发射的 DSN－1 卫星在运往发射场的途中受损，不得不将发射计划推迟至 2018 年。而在 2015 年底，日本防卫省还对外售出合同，计划再研制一颗设计寿命为 15 年的 X 频段通信卫星（DSN－3），并于 2020 年发射入轨，实现三星组网。

• 此外，日本广播卫星系统公司（BSAT）成功发射了 1 颗商用通信卫星广播卫星－4a（BSat－4a），载有 24 路 Ku 频段转发器，可提供 4K/8K 的超高清电视服务。日本卫星制造商三菱电机公司还宣布将投资约 110 亿日元，打造新的卫星生产设施，计划将研制能力从目前同时建造 10 颗卫星提升至 18 颗，以满足日本政府及全球范围商业通信卫星日益增长的需求。

第二节　全球无线电管理发展概况[①]

一、国际电联 ITU 公布规范草案提速 5G 商用进程

国际电信联盟（ITU）发布了最新的 5G 标准草案，最终方案预计将在 2017 年 11 月敲定并获得通过。根据这份草案，单个 5G 基站至少必须具备 20Gbps 下行链路的处理能力，而据雷锋网了解，目前 LTE 基站只支持 1Gbps 的下行链路。此外，未来的 5G 标准还要求每平方公里必须支持 100 万台连接设备，运营商则必须至少有 100MHz 的空闲频谱，在可行的情况下还可以扩大到 1GHz。具体指标如下：

• 5G 传输速率峰值。该标准要求单个 5G 基站至少能够支持 20Gbps 的下行链路以及 10Gbps 的上行链路，这是单个基站可以处理的总流量。理论上，如果固定的无线宽带用户使用专用的点到点连接，那么他们可以获得接近 5G 的速度。实际上，基站覆盖范围内的用户将分配使用 20Gbps 以及 10Gbps 这一数据吞吐量。

• 5G 连接密度。5G 必须支持每平方公里内至少 100 万台连接设备。这听起来很夸张，但是这更像是为物联网准备的。当所有的交通灯、停车位以及车辆都支持 5G 时，将会达到这一惊人的连接密度。

• 5G 移动性。与 LTE 和 LTE - Advanced 类似，5G 标准要求基站能够支持速度高达 500km/h 的设备（比如高铁）连接。此外，该草案还讨论了不同物理位置对基站设置的不同需求。比如，室内以及人口面密度较高的城市中心则不需要担心高铁能否连接，但是农村或者郊区则需要考虑到对行人、车辆以及高速列车的支持。

• 5G 能效。5G 规范要求在负载下保持高能效，并且在空闲的状态下能够迅速切换成低能耗模式。为了实现这一点，5G 无线电必须在 10ms 内从全

① http://www. ithowwhy.

速模式切换到节能模式。

- 5G 延迟。在理想情况下，5G 网络的延迟最大不能超过 4ms，而 LTE 网络对延迟的要求则是 20ms。不过，要想实现超稳定低延迟通信（URLLC），5G 的延迟必须低于 1ms。

- 5G 频谱效率。从草案的规定来看，5G 的峰值频谱效率（每赫兹频谱传输的比特）与 LTE - advanced 非常接近，都是上行 30bits/Hz、下行 15bits/Hz，这相当于 8 ×4 MIMO。

- 5G 实际传输速率。不管单个 5G 基站的峰值容量是多少，该草案要求每个用户的下载和上传速度必须达到 100Mbps 以及 50Mbps。这些听起来和 LTE - Advanced 很接近，但是 5G 能够让你一直保持 100Mbps 的下载速度，而不是靠运气。

- 5G 稳定性和可靠性。例如数据包必须在 1ms 内到达基站，并且切换 5G 基站的中断时间应该为 0ms，也就是说切换过程是瞬时的，中间不允许有数据丢失。

二、全球范围内 5G 频谱规则制定和频率分配掀起新高潮

美国：2017 年 8 月 3 日，FCC 就 5G 中频段展开公众咨询。美国联邦通信委员会（FCC）于 2016 年 7 月 14 日，针对 24GHz 以上高频段频谱用于无线宽带业务颁布法令，开放了近 11GHz 可灵活用于移动和固定无线宽带服务的高频段频谱，其中包括 28GHz（27. 5—28. 35GHz）、37GHz（37—38. 6GHz）、39GHz（38. 6—40GHz）和一个新的 64—71GHz 未授权频段。此次的咨询，则是为 5G 移动业务开辟 3. 7GHz 以上和 24GHz 以下新频段开始公众咨询。FCC 考虑的是包括 3. 7—4. 2GHz、5. 925—6. 425GHz 和 6. 425—7. 125GHz 在内的中频段。公众还可以提出政府未使用的其他可能适合 5G 使用的频率。除了增加频谱外，FCC 还在寻求有关如何允许灵活使用频谱同时避免干扰的建议，包括不同类型的授权，如非排他性或免许可使用，或修改现有服务规则等，使一些频段更适合移动业务。此次公众咨询得到了移动通信产业界的广泛欢迎。

英国：英国在 2017 年发布的《下一代移动技术：英国 5G 战略》中，将

700MHz、3.4—3.8GHz 和 24.25—27.5GHz 作为 5G 优先频段，并会确保频谱以最恰当和最及时的方式提供，同时会综合考虑采用新增候选频谱、频谱重耕、使用未授权频谱等多项措施以保证频谱资源，且政府将采取行动，以确保在可能的情况下实现频谱共享。英国的 5G 候选频谱具体情况如下：700MHz，政府会投资 6 亿英镑保证此频段可用，预计 2018 年或者 2019 年拍卖；3.4GHz，更适合高容量，预计 2017 年拍卖；3.6—3.8GHz，即 3605—3689MHz，目前授权给英国宽带公司，剩余 116MHz 将用于移动服务，并计划在 2017 年上半年公布；3.8—4.2GHz，目前用于固定卫星业务，英国政府将评估 3.8—4.2GHz 频段 5G 共享可行性；其他 30GHz 以上候选频段，将重点关注 32GHz、40GHz 和 66GHz 频段潜力。此外，运营商从现有频谱重耕中也将获得重大机会。而对于未授权频谱，英国政府会使用许可和未许可频谱组合提升容量，尤其会在 2.4GHz 和 5.0GHz 频带中挖掘 Wi-Fi 使用价值，此外 NB - IoT 和 LPWAN 都将利用未授权频谱作为技术选择①。

德国：德国联邦网络监管机构 BNetzA 2017 年发布了可用于 5G 移动业务的频谱框架文件。文件旨在通过确定可用于 5G 业务的频率，使未来相关投资和规划更加安全可靠。同时，监管机构也呼吁感兴趣的公司积极参与频谱拍卖。监管机构已经将 2GHz 频段内的原 UMTS 频谱以及 3.4—3.7GHz 频段作为未来 5G 的潜在频段，希望相关公司提供对这些频谱在全国范围内的分配意见。相关各方可以在 9 月底之前将反馈意见提供给 BNetzA。BNetzA 还考虑分配 26GHz（24.25—27.5GHz）、28GHz（27.5—29.5GHz）和 32GHz（31.8—33.4GHz）频率，其中 26GHz 是最重要的，因为它被指定为国际 5G 先锋频段。由于目前这些频谱还在使用中，不可能马上分配给 5G，监管机构计划从 26GHz 频段开始进行 5G 使用的申请流程。

西班牙：西班牙能源、旅游和数字议程部宣布将在 2018 年初通过拍卖 1452—1492MHz（1.5GHz）及 3600—3800MHz（3.6GHz）频谱来促进 5G 技术的开发和部署。此次拍卖是政府“5G 全国计划（Plan Nacional 5G）”的一部分。西班牙称该计划与欧盟部署 5G 网络的路线图“完全兼容”。

澳大利亚：澳大利亚通信和媒体管理局（ACMA）于 2017 年 12 月开始新

① 墨翡：《英国高调发布 5G 战略意欲成为全球领导者》，《通信世界》2017 年 8 月 4 日。

一轮频谱拍卖，其中包含可被用于5G移动服务的频段。此次拍卖的频谱包括2GHz、2.3GHz、3.4GHz以及1800MHz频段频谱。ACMA表示，其中，1800MHz和2GHz频段资源可能被用于LTE，2GHz也有可能被用于5G服务。2.3GHz可能将被用于无线宽带服务，3.4GHz频段则将用于TDD移动宽带服务。3.4GHz也是全球不少国家的5G备选频段。此外，澳大利亚还计划在随后进行3.6GHz频段频谱的拍卖，不过目前时间尚未确定。ACMA强调，此次频谱拍卖将有望帮助提高澳大利亚主要城市以外其他地区的网络服务覆盖。

爱尔兰：爱尔兰通信委员会（ComReg）2017年5月公布了参与5G频谱拍卖的5家运营商信息。由于3.6GHz早被认定为欧洲5G业务部署的重要频段，爱尔兰此番拍卖也对未来移动产业有着深远影响。沃达丰出价2280万欧元成为最大赢家，获得85MHz频谱用于农村地区，另有105MHz频谱用于城市地区。Meteor公司花费1500万美元分别获得85MHz和80MHz频谱用于城市和农村。Hutchiso’Three于2015年并购O2，如今花费2003万欧元获得100MHz全国性频谱。

第二章　2017年中国无线电领域发展概况

第一节　中国无线电技术及应用发展概况

一、NB－IoT网络建设和应用迈向新台阶

一方面，政策红利集中出台。2017年5月12日《电信网编号计划（2017年版）》公布，即日起施行。在新编号计划中，工信部将“142XX—143XX”明确为物联网网号。144XX、141XX、140XX分别是中国移动、中国电信、中国联通的物联网网号。2017年6月5日，工信部发布《关于NB－IoT系统频率使用要求的公告》，对NB－IoT系统频率使用要求进行了明确规定。2017年6月16日，工信部办公厅正式下发《关于全面推进移动物联网（NB－IoT）建设发展的通知》，提出了加快技术与标准研究、推广细分领域应用和优化政策环境的14项措施。该政策的出台表明我国在低功耗广域物联网的发展上将大力推动和发展NB－IoT网络，是我国在物联网产业发展上的重大专项顶层设计。2017年8月7日，工信部公布了《电信网码号资源使用证书》，向三大基础电信企业颁发了物联网专用号段，支持NB－IoT打造完整产业体系与生态系统。2017年8月24日，国务院发布了经李克强总理签批的《关于进一步扩大和升级信息消费持续释放内需潜力的指导意见》国发〔2017〕40号（以下简称《意见》）。《意见》明确指出要加快推进物联网基础设施部署（NB－IoT/eMTC），并把此项工作列为“重点任务”，由工信部、发改委具体负责，2020年时完成。

另一方面，三大运营商网络建设迅速有力。2017年，我国基础电信企业

大力推进 NB－IoT 网络建设，全年建设 NB－IoT 基站超过 40 万个，实现了对直辖市、省会等主要城市的覆盖。其中，中国电信领先一步，率先建成全球首张全覆盖的 NB－IoT 网络，800MHz 的 NB－IoT 基站超过 31 万个。并且中国电信、中国移动和中国联通先后对外公布了各自的 NB－IoT 网络资费标准，向全面商业化做好充足准备。目前三大运营商已经在共享单车、智能表计、工业互联网等领域与相关企业展开了广泛合作，NB－IoT 网络价值将逐步释放。

二、5G 研发及网络部署走在世界前列

一是频谱规划逐步落地。2017 年 6 月 5 日，工信部发布在 3300—3600MHz 以及 4800—5000MHz 之间来应用 5G 的征求意见稿，使 5G 技术研究往前迈了很大的一步。6 月 8 日，工信部又进一步征集在高频段毫米波频段如何来使用 5G 的征求意见，为我国的 5G 发展起到非常大的促进作用。11 月 15 日，工信部发布了 5G 系统在 3000—5000MHz 频段（中频段）内的频率使用规划，我国成为国际上率先发布 5G 系统在中频段内频率使用规划的国家。规划明确了 3300—3400MHz、3400—3600MHz 和 4800—5000MHz 频段作为 5G 系统的工作频段。二是主导标准取得突破性成果。2017 年 12 月 2 日，3GPP 会议在美国里诺举行，本次大会上，中国通信企业贡献给 3GPP 关于 5G 的提案，占到了全部提案的 40%；中国专家也占到了各个 5G 工作组的很大比重，其中 RAN1，作为定义 5G 物理层的工作组，华人专家占到了 60%；服务于中国通信企业的中外专家，占到了总数的 40%，数量上超过了过去 1G—4G 网络标准制定的情况。最终在 2017 年 12 月 21 日 3GPP 的 RAN 第 78 次会议上，全球首个 5G 新空口（NR）非独立建网（NSA）标准发布。在标准制定过程中，中国在 3GPP 等标准组织中发挥了重要作用，体现 5G 时代的核心引领者的地位。三是 5G 阶段测试按照规划推进顺利。2017 年 9 月 20 日，随着中国 5G 第二阶段测试结果的公布，标志着第二阶段试验的主要内容已基本结束。按照规划，5G 技术试验第三阶段试验将于 2017 年底、2018 年初启动，遵循 5G 统一的国际标准，并基于面向商用的硬件平台，重点开展预商用设备的单站、组网性能及相关互联互通测试，计划在 2018 年底前完成。四是 5G 试点

同步展开。截至 2017 年 12 月，中国电信已在雄安、深圳、上海、苏州、成都、兰州等六个城市和地区全部开通 5G 试点。而中国移动和中国联通也计划在北京、天津、上海、深圳、杭州、南京、杭州等城市展开 5G 试点。

第二节　中国无线电管理发展概况

一、全球率先发布 5G 系统中频段的频率使用规划

在前期研究和论证基础上，统筹兼顾国防、卫星通信、科学研究等部门和行业的用频需求，依法保护现有用户用频权益，在国际上率先发布 5G 系统中频段频率使用规划，明确 3300—3600MHz 和 4800—5000MHz 频段作为 5G 工作频段。该规划的发布将对推进我国 5G 系统技术研发、试验和标准等制定以及产业链成熟、加快 5G 商用步伐发挥重要先导作用。

二、全国无线电管理法治建设工作取得新进展

全国各级无线电管理机构以新修订的《中华人民共和国无线电管理条例》（以下简称《无线电管理条例》）宣传贯彻落实工作为抓手，完善配套制度，严格依法行政，加强事中事后监管，无线电管理法治体系进一步加强和完善。国家层面发布了《无线电频率使用许可管理办法》《无线电频率使用率要求及核查管理暂行规定》《关于公众移动通信基站设置、使用管理有关事宜的通知》《无线电干扰投诉和查处工作暂行办法》《关于加强和规范无线电管理行政执法工作的指导意见》《无线电监测设施测试验证工作规定（试行）》等规章和规范性文件。各地加紧制修订地方性法规、规章以及规范性文件，强化监督执法。山西、浙江出台了地方无线电管理条例，江苏、湖南等 15 个省（区、市）启动了地方无线电管理条例修订工作；江西、黑龙江、河南等省对市（地、州）派出机构进行明确授权；宁夏、陕西、新疆等省（区）与工商、质检等部门建立无线电发射设备市场监管工作机制，联合开展发射设备销售市场执法检查，部分省（区、市）出台了无线电发射设备销售备案管理

办法；吉林、福建等省推行“双随机、一公开”检查，安徽等省依法组织行政执法听证活动。

三、完成《中华人民共和国无线电频率划分规定》修订

围绕“网络强国”“制造强国”战略实施，重点支持5G系统研发、航空航天重大工程项目和卫星移动通信网建设等工作，经与广电、民航、气象、航天、军队等30多个部门和单位开展了多轮次的反复协调，形成了《中华人民共和国无线电频率划分规定》修订稿，通过部务会审议。《中华人民共和国无线电频率划分规定》是我国开发、利用和管理无线电频谱资源的基本法规，是合理和有效使用无线电频谱资源，防止各类无线电干扰的基础。

四、《无线电频率使用许可管理办法》制定出台

贯彻落实新修订的《无线电管理条例》中关于无线电频率管理的相关规定，制定出台《无线电频率使用许可管理办法》（工业和信息化部令第40号），进一步细化无线电频率使用许可的条件、程序、期限等内容，促进无线电频率使用许可和监督管理的规范化、制度化，是深化无线电管理行政许可制度改革取得的重要进展。

五、“扰乱无线电通讯管理秩序罪”司法解释发布

积极沟通协调最高人民法院、最高人民检察院等相关部门，推动出台《关于办理扰乱无线电通讯管理秩序等刑事案件适用法律若干问题的解释》，进一步明确扰乱无线电通讯管理秩序罪的打击范围、量刑情节以及证据鉴定等相关问题，为加强无线电管理、依法惩治“黑广播”“伪基站”等违法犯罪活动提供了更加坚实的法律武器。

六、各重大任务无线电安全保障工作圆满完成

部领导高度重视重大任务无线电安全保障工作，苗圩部长多次作出指示批示，陈肇雄副部长、刘利华副部长多次赴现场检查指导工作。在“一带一

路”国际合作高峰论坛、党的十九大、金砖国家领导人第九次会晤、第十三届全运会等重大任务期间，无线电管理机构组织各相关部门和单位组建无线电安全保障团队，进一步强化属地责任，统筹协调相关无线电频率使用需求，加强无线电监测、检测和干扰查处，有效保障了元首政要、指挥调度、安保警卫、民航飞行等的无线电频率使用安全。任务期间，电磁环境良好有序，无有害无线电干扰发生。

七、打击“黑广播”“伪基站”成效显著

会同多部委，修订《关于进一步加强无线电广播电视发射设备管理的通知》，完善无线广播电视发射设备的产、销、用全产业链的综合监管机制。全国无线电管理机构配合相关部门开展打击治理“黑广播”专项行动，持续保持对“伪基站”高压打击态势。全国全年累计查处“黑广播”案件3054起、“伪基站”案件725起，切实净化了电磁环境，有效遏制了其蔓延发展的势头。

八、《卫星网络申报协调与登记维护管理办法（试行）》出台

贯彻落实《无线电管理条例》要求，在《卫星网络申报协调与登记维护管理办法（试行）》中首次系统地对卫星网络的申报条件、申报承诺、国内协调、国际协调、轨位合作、资源使用权的转让以及统筹调配使用等工作提出了明确措施，较完整地覆盖了卫星网络生命周期，促进了卫星频率轨道资源的优化合理配置。

九、采用竞争性方式开展无线电频率使用许可试点

贯彻落实两办文件，积极创新无线电频谱资源配置方式，启动采用竞争性方式开展频率使用许可试点工作。12月，新疆、安徽通过竞争性方式确定了频率使用单位，标志着试点工作首获成功，山西、河南等省也相继发布公告，进展顺利。本次试点工作是在无线电频谱资源配置中引入竞争机制的有益探索，对推进我国无线电频谱资源市场化配置进程、提高频率利用效率和效益具有重要实践意义。

十、北京新机场空管系统无线电频率协调圆满完成

北京新机场地跨京冀，是国家“十三五”的重点项目、京津冀协同发展的重点工程。新机场空管系统拟建设各类无线电系统40余套，是民航部门有史以来一次性建设无线电台站规模最大、频率使用最多、协调关系最复杂的重大项目。相关无线电管理机构通过主动服务，开展多轮协调，组织召开专家论证会，圆满完成全部无线电频率协调工作，有力地保障了系统建设所必需的频率资源。

专 题 篇

第三章　无线电技术及应用

第一节　低功耗广域物联网①

一、概述

当前，物联网实现泛在互联通信是新一代信息通信领域的创新目标，按照通信距离应用，可以分为短距离通信技术和远距离通信技术。为解决当前物联网终端功耗较高、无法适应海量终端连接、广域覆盖能力不足和成本等困难，远距离无线通信技术（LPWAN）作为当前物联网技术的重要组成部分，成为该领域的新热点，适应长距离、广覆盖终端设备连接的应用场景需求。

当前，LPWAN 应用主要分为两大主流阵营，一是 LoRa、SigFox 等给予非授权频段的应用，二是由 3GPP 主推的基于授权频谱，采用蜂窝移动通信技术的 NB－IoT 等，在国际化产业推进过程中，LoRa 和 NB－IoT 属于相对研究和应用较为超前的，两者技术参数对比如下：

表 3－1　LoRa 和 NB－IoT 技术参数对比

技术体制	NB－IoT	LoRa
频段支持	只适配 3GPP 规定频段，最低支持到 700MHz	400—490MHz 865—880MHz
芯片开放	相对开放	封闭（Semtech）
单通道载波带宽	13. 5kHz、200kHz	200kHz/250kHz

---

① 孙美玉：《中国低功耗广域网络（LPWAN）发展及展望》，《通信产业报》2017 年 11 月 20 日。

续表

技术体制	NB－IoT	LoRa
网络结构	两层	两层
产业情况	华为主导，NB－IoT标准已冻结，2017年商用	目前全球范围有部分城市已搭建大型LoRa城域网络
网络主要特点	基于现有蜂窝网络，可快速升级，预计2017年底应用产业开始支持，网络覆盖成本高，终端功耗大	采用扩频技术，可提升数据传输的效率，满足低电平和低信号质量是苛刻覆盖条件

二、我国低功耗广域物联网市场规模及产业概况

当前，低功耗广域网在全球快速发展，根据全球GSMA的统计数据，到2020年，整个物联网行业将具备更大发展能力，其中LPWAN的应用连接数将占到物联网总连接数的60%，其重要性不言而喻。我国也一直积极推进物联网相关产业发展，国内产业政策支持力度不断加强，产业和市场规模持续扩展。根据相关统计数据，预计到2020年，国内物联网市场的总体规模将超过1.8万亿元。

（一）低功耗广域物联网产业潜力持续增加

2015年是LPWAN技术及产业发展的重要一年，国内相应市场的整体规模达到5.474亿元人民币，其中模块约为2.32亿元，网关约为8000万元，其他设备约为1640万元。与此同时，根据物联网智库的预测数据，预计到2020年，国内LPWAN接入设备将达到1.97亿个，与2015年（580万）相比增长两倍多，而行业市场规模将达到30.14亿元，相比2015年5.474亿增加近五倍，显示出强大的发展潜力。尤其是2017年NB－IoT开始正式推进规模化试点和商用后，2017—2020年是国内LPWAN连接数量大规模爆发的年份，各个层面都将得到深入扩展。

（二）低功耗广域物联网链基本完备

当前国内LPWAN产业链基本完备，相应的芯片、技术市场和规模试点应用等各个环节推进比较顺利，而且国内低功耗物联网市场没有被动地等待欧美市场发展成熟后的复制，而是自始至终参与到相应的技术标准制定、试点

应用当中，致力于占据竞争主动权，如华为、中兴等国内设备商和三大运营商，在技术研发创新和规模试点应用等领域都取得了一系列先进经验。

三、我国低功耗广域网络发展面临的机遇

当前，我国低功耗广域网络发展的重点是窄带物联网（NB－IoT）。随着2016年NB－IoT标准获得国际组织3GPP通过，以及近期工业和信息化部《关于全面推进移动物联网（NB－IoT）建设发展的通知》的发布，NB－IoT技术和产业在2017年迎来重大发展机遇，总体来讲有以下几个方面：

1. 标准化工作完成助推NB－IoT产业化进程

相比于目前诸多非标准化的技术，有着全球标准的NB－IoT对于蜂窝移动通信运营商更为安全、可靠，标准化工作的完成，也使得产业链相关企业开始加速布局，标准化工作的完成为NB－IoT进入规模化商用阶段带来重大利好。作为窄带蜂窝物联网的唯一通信标准，使得NB－IoT相较其他技术如LoRa等更具优势。

2. 产业政策出台为我国NB－IoT产业的健康发展提供有力保障

2017年6月，工业和信息化部发布《关于全面推进移动物联网（NB－IoT）建设发展的通知》，从政策层面明确支持NB－IoT技术标准和行业应用，从技术标准、资源分配、资金管理、政策保障多个方面助力和保障我国NB－IoT产业的健康可持续发展，从推广NB－IoT在细分领域的应用、逐步形成规模应用体系、优化NB－IoT应用政策环境、创造良好可持续发展条件等多方面提出14条具体措施，对我国NB－IoT产业的健康快速发展意义重大。

3. NB－IoT规模化商用迎来发展机遇

当前，我国三大运营商NB－IoT加速布局，中国移动在江西鹰潭建成全国首个地级市全域覆盖的窄带物联网（NB－IoT），同时实现了业务终端与物联网平台的双向数据传输。并于2017年8月3日和8月4日发布了两则关于NB－IoT的重磅采购公告共计投入395亿元。中国电信发布“NB－IoT（窄带物联网）企业标准”，并启动了广东、江苏等7省12市的大规模外场实验。中国联通则在广东开通了首个标准化NB－IoT商用网络，并在上海迪士尼乐园进行了大规模NB－IoT外场启动实验，为游客提供实时停车位信息等服务。

随着三大运营商 NB - IoT 商用部局的加快，整个产业链迎来重大发展机遇，一批设备商、芯片商、终端厂商将先后受益。

四、低功耗广域网络应用场景

LPWAN 能够实现城域范围内物联网低成本全覆盖，非常适合城市中远距离传输、通信数据量很少、需电池供电长久运行的物联网应用：

（一）智能停车

停车难是城市、风景区等车流量大的地区交通管理面临的最大问题之一，也是造成交通拥堵的一个重要原因。基于 NB - IoT 的智能停车解决方案可以轻易实现停车行为的实时监控，实时协调停车位的供求，远程对停车位进行预订和转租，实现对交通的科学引导和停车资源的高效利用。除了智能停车以外，NB - IoT 技术还被成功应用于智能路灯、智能垃圾箱、智能井盖等智慧城市领域。

（二）智能抄表

智能抄表是 NB - IoT 最重要的应用之一。对于水、电、气、热等城市基础设施管理来说，人工抄表是行业管理的重要成本之一。基于 NB - IoT 的智能抄表通过蜂窝网络远程自动采集水、电、气、热等数据，而且由于功耗低，智能计量终端能够连续工作多年，从而可以节省大量现有人工成本。由于水、电、气、热等公共事业涉及上亿规模用户，市场前景十分广阔。

（三）智能物流追踪

对于集装箱运输、冷链运输等一些大宗或贵重物品的运输来说，通过 NB - IoT 系统传递 GPS、北斗等定位信息，可以实现全国范围内实时地跟踪人、货物甚至动物的位置和状态。当目标位置或者状态发生了异常变化，能够及时通知或者向管理人员告警，以便他们实时获取状态，并能够提供信息供下一步工作参考。智能跟踪有助于对突发事件做出及时的反应。这一类的应用场景还包括车辆防盗、车辆调度、旅行箱位置追踪、快递品追踪、易失物品追踪等。

（四）可穿戴应用

NB - IoT 网络与消费电子产品、可穿戴设备相结合可以实现老人、小孩、残疾人、宠物等的关爱定位，可以用于慢性病患者血压、心跳、体温等健康状态的无线监测，当病人状态发生了异常变化，能够及时通知家属或者向关联医护中心告警，准确定位病人并采取急救措施。

（五）智能环境监测

由于环境污染来自生产生活的方方面面，种类繁多且很多污染对于人工检查来说会产生危害。基于 NB－IoT 技术的智能传感器可以长期工作在各种有风险的恶劣环境中，及时提供水质、土壤、空气及各种污染的监测数据，及时发现和预防环保问题。NB－IoT 技术还可以用于智能道路设施监测、重要设备状态监控、家电管理、管道管廊安全监控、智能水浸以及塌方、泥石流、森林火灾等灾害监测和预防。

（六）智慧农业

智能化是大规模现代农业、畜牧养殖业发展的方向。智慧农业需要采集大量的大气压力、湿度、温度等环境数值以及光照、土壤、水质等数据，畜牧业需要采集草场生长情况、气候情况等数据。NB－IoT 技术一方面可以有效地满足这些需求，另一方面低成本优势有利于在中小农场中的推广应用。在林业、渔业生产以及菌类养殖等领域也存在类似的情况。

五、国内低功耗广域网重点应用案例

（一）华为

1. 基于 NB－IoT 的智能垃圾箱解决方案

在“2016 年巴塞罗那通信展”期间，华为公司展示了基于 NB－IoT 的智能垃圾箱解决方案，提升垃圾车运行效率 1 倍以上，大大提升城市垃圾车调度效率，节省了城市管理运维成本。

通过采用 NB－IoT 相关技术对设定环保服务区域中的垃圾箱进行智能化升级改造，装入 NB－IoT 无线芯片，对垃圾箱中垃圾数量进行智能监控并及时将相关的数量信息上传给上层管理服务器。通过对区域内垃圾箱信息的综合统计和深入分析，对相应的垃圾车辆派送规划最佳的出行方案，是“智慧城市”中重要的组成内容。

2. 上海智能停车解决方案

2016 年 7 月 1 日，华为与上海联通正式公布 NB－IoT 智能停车解决方案。双方在上海国际旅游度假区进行了全球首个基于 NB－IoT 技术的区域覆盖：在停车场进行了 300 多个智能车检器的布控，并提供了基于手机终端的一体化服务，实现了终端、基站、服务器、手机客户端应用的端到端一体化服务。区域内用户可以通过手机查询实时了解车位信息，并通过预定、导航、支付等手段及时找到合适的车位，提高了停车场车辆统筹管理效率，一定程度上实现了智能泊车，成为城市智慧交通的范例。

2017 年 4 月，上海闵行浦驰路公用路面停车系统也采用了基于 NB－IoT 通信模块的车检器，同样提供包括终端、基站、管理平台、业务应用在内的端到端服务。通过对车位占用、用户缴费等信息的统计分析，每位路面交通管理员有效管理车位数量从 15 个提升到 30—50 个，未来该系统与当地征信系统连通后，有效管理车位数量估计可达百余辆，能大大提升管理效率，并为智慧城市中的交通管理提供数据支撑。

3. 共享单车创新经济应用

共享单车在我国的发展势头迅猛，2017 年 2 月，ofo、华为和中国电信开发基于 NB－IoT 技术标准的新型共享单车解决方案，致力于打造全球领先范例，华为提供 NB－IoT 相关硬件芯片和网络技术。

2017 年 4 月，ofo 在北京大学投放 100 辆 NB－IoT 共享单车并进行了测试，2017 年 9 月在北京市投放 10 万辆 NB－IoT 共享单车。NB－IoT 技术将实现车辆定位、故障上报、开锁和关锁等功能的智能控制，与中国电信的无线网络连接，为用户提供更好的出行体验。2017 年 6 月，ofo 宣布，联合华为共同研发的全球首款共享单车 NB－IoT “物联网智能锁”，开始正式应用到 ofo 小黄车上。

4. 深圳智慧水务案例

2017 年 3 月，深圳水务集团与华为公司等共同发布全球首个 NB－IoT 物联网智慧水务商用项目，成为智慧城市应用的成功案例之一。该项目采用基于 NB－IoT 技术标准的智慧水表为水务部门提供高精度、广覆盖的监测水务数据，通过深圳电信的网络将水表信息与数据同深圳水务集团水务管理平台进行互接联通，实现水务统筹与调度的有效和规范化。

当前，该项目已经在福田、盐田等地域的很多小区进行了 NB－IoT 智慧水表布控，数量超过 1200 只，后期逐渐向深圳至全国扩展。未来将进一步扩展社会管理功能，通过对用户数据的采集和挖掘分析，为当地政府部门实现水资源有效管理提供依据，助力提升“智慧城市”创新管理与民生服务的能力。

5. 杭州智慧路灯案例

2017 年 3 月，华为联合杭州电信等建成浙江省内第一个基于 NB—IoT 技术标准（窄带物联网）的智慧照明项目，打造省内创新物联网应用范例。通过无线控制，智能路灯可以按需实现动态照明，同时根据数据挖掘分析，还可以对灯光的亮度等进行控制，解决能源。

此外，依托全杭州市灯杆覆盖范围广的特点，后期将考虑将多种市政管理应用与其相结合，打造以路灯杆为管道枢纽的泛在城市管理物联网。

（二）中兴

1. 基于 NB－IoT 的智能井盖解决方案

井盖是影响道路安全的重要因素之一，在我国南方很多城市，尤其是降水季、洪水发生等情况，城市道路无法及时排水，井盖被冲开或者移位不能及时被发现，就会造成很大安全隐患。

中兴公司与中国移动合作研发了一款基于市政管理的物联网应用——智能井盖。采用 NB－IoT 技术实现对区域内所有井盖的有效、可控监测，对于井盖的实时状态进行采集、上报和分析处理，尤其是在井盖被打开、发生位置移动等情形下，能够及时发布状态和警示信息，消除很多安全死角隐患，降低了城市运维成本。

2. 智能停车项目

2016 年 10 月，中兴和浙江移动开发成功智能停车业务，打造有效 NB－IoT 业务案例，对推动 NB－IoT 产业进一步完善具有积极作用。

该项目通过地埋式检测设备对周围磁场变化情况进行检测，从而获取到有关车位的占用信息并进行及时上报。NB－IoT 网络负责将相关的信息传送到中心的指挥管理平台，通过对相应的车辆分布和车位状态信息的实时了解，司机可以快速找到适合自己的车位并进行及时的费用支付，操作简单，提高了停车场的管理运行效率，节省管理成本。同时，也提升了城市道路停车管理的科学和规范化，对提升交通效率、减缓交通污染也有积极作用。

3. “智能水检测”五水共治

2016年10月，中兴、浙江移动在乌镇开展“智能水检测”试点，通过广覆盖，在大范围水域布控多个采集点，及时采集相关水域的数据信息并进行上报，管理中心对信息进行智能处理和分析，同时实现与乌镇政府部门的“五水共治”平台应急联动。

“智能水检测”五水共治项目终端中布控多种水监测传感器、NB－IoT芯片和通信模块，对水质变化参数进行实时采集，并通过网络传输至云平台控制中心。处理中心对信息进行挖掘处理，可以形象地获取覆盖水域水质、水位、温度、流量等信息，对于一些紧急情况进行预警和及时处理，提升城市水环境管理的工作效率，成为智慧城市建设的重要内容之一。

4. 雄安新区NB－IoT部署

2017年，为助推雄安新区打造对外开放新高地，中兴通讯配合中国电信在雄安新区的网络建设，推进新区智慧市政管理等新型智慧应用部署实施。

（1）智慧停车：在雄安新区管委会办公地院内部署智慧停车系统，该系统除正常的停车识别外，还可实现车位管理、车位预定、停车诱导、反向寻车等多种智慧管控功能。

（2）智慧井盖：在奥威路部署智慧市政井盖监测系统，实现对井盖的异常位移、大角度偏转等危险动作进行监测和报警，确保车辆和行人安全。

（3）智慧路灯：在奥威路部署智慧路灯管控系统，实现路灯的开关、光照调节、手自动控制、异常告警等功能。

目前，上述系统均已完成终端测试及安装调试。

（三）海尔

1. 全球首款NB－IoT海尔智能门锁

2017年7月27日，“智能家居行业NB－IoT应用推广高峰论坛”在北京召开。海尔正式公布全球首款搭载NB－IoT技术的海尔智能门锁——云锁上市，为打造NB－IoT在智能家居领域的创新应用体验和新生态提供了很好的范例。

NB－IoT海尔智能门锁能实现稳定的“永在线”服务，操作简单，稳定性强。与此同时，海尔将以此为切入点，带动一系列智能家居采用NB－IoT

技术，衍生一系列新型增殖服务。最终通过连通家庭安防、娱乐、生活在内的所有智能生活场景网络设备，实现对整个家庭生活环境的远程控制、安防预警、节能环保等，助推海尔智慧安防生态产业落地。

2. NB – UhomeKit 智慧家居解决方案

2017 年 7 月，海尔发布智能家居行业首个 NB – IoT 开源应用解决方案 NB – UhomeKit，引领行业迈入物联标准新台阶。目前，智能空调、智能门锁、智能社区洗衣机三类设备以 NB – IoT 技术接入 U + 平台。

家用电器类设备——家用空调：采用优化的设备端、APP 端、云端的 NB – UhomeKit，轻松接入、无须配网、使用简便，泛在连接稳定。

电池供电类设备——智能门锁：功耗低、安全性强、信号覆盖好、信息传送及时。

商用电器类设备——社区洗衣机：实时监控、上电即用、信号广覆盖、成本低。

（四）鹰潭 NB – IoT 示范应用

鹰潭市是全球首个具有三张全域覆盖 NB – IoT 网络的城市。目前，鹰潭成功孵化出 NB – IoT 产品 30 余种，在实际场景试点应用的领域 15 个，终端连接数近 2000 个。

表 3 – 2 鹰潭 NB – IoT 示范应用情况

应用	市区	规模	应用情况
智能垃圾驿站	鹰潭	420 个	全国首个全域采用物联网进行垃圾智能化处理。
智能水表	鹰潭	400 块	2017 年底预计安装 6 万块。
智慧停车	龙虎山景区	171 个	全国首个 NB – IoT 智慧停车示范应用的 5A 级景区。
智能路灯	信江新区	576 盏	同时具备停车、井盖、垃圾、水气表、消防及监测应用，成为国内第一个 NB – IoT 综合应用行政区。
智慧农业	余江县	水稻原种场	全国首个 NB – IoT 农业示范应用单位。

六、我国低功耗广域网络发展建议

（一）成立低功耗广域网络创新应用生态联盟

统筹政府部门、企业、科研单位和院校资源，提供低功耗广域网络创新应用产业咨询、管理与重大前瞻性、战略性问题研究等服务，使政府统筹具体情况制定有针对性的扶持政策，成为衔接政府、企业和用户之间的桥梁。同时合理设计产业联盟架构，平衡“产学研”中“学研”和“产”的比例，更好地发挥作用。

（二）地方政府及时制定针对低功耗广域网络发展应用的规划

目前，我国部分经济发达地区针对低功耗广域网络的产业应用有一些成功案例，但总体上还缺乏科学合理的上层规划设计。因此各地应结合自身智慧城市建设等时机需求制定相关规划，发挥对当地低功耗广域网络产业的纲领性作用。同时因地制宜，结合城市管理和产业发展需求，拓展基于低功耗广域网络技术的新应用、新模式和新业态，开展低功耗广域网络试点示范，并逐步扩大应用行业和领域范围。

（三）加大投资和企业支持力度

统筹运用支持产业发展、促进科技创新等方面的专项资金，对符合条件的企业给予重点支持，培养一批有创新竞争力的骨干企业和品牌。积极推广政府和社会资本合作（PPP）模式，拓展云计算融资渠道，培育市场投资主体。鼓励政策性担保机构加大对低功耗广域网络产业融资担保的支持力度。推动金融机构强化信贷支持，围绕产业发展开发创新金融产品，积极开展定向服务。

（四）探索在公安、消防等专网领域开展低功耗广域网络的创新应用范例

结合实际工作需求，探索低功耗广域网络技术与智能消防探测、警用监控相结合的应用场景，推动创新融合。利用低功耗广域网络技术搭建广覆盖的网络，实现对救灾、案件的监控和控制，提升政府服务效能。同时探索与典型低功耗广域网络公网中数据资源的互通和共享模式，强化沟通和协作，进一步扩展和深化低功耗广域网络在各行业中的应用。

（五）探索运营商移动互联网业务合作收费模式

当前中国移动、中国电信和中国联通三大运营商都积极响应政策号召，开展低功耗广域网络部署和产业应用示范，取得很多成果和先进经验。未来低功耗广域网络技术及产业化在国内大规模推进是趋势，运营商之间可以统

筹规划资源，强化交流和协作，创新合作模式，开展网络基础设施、技术方案共享和运营模式协作等方面的研究，提高区域内资源利用效率。

（六）强化周边地区协同合作

统筹多方产业链上、中、下游资源，推进周边省市区域性合作创新发展模式，创建产业协同发展共同体，打造一批知名区域低功耗广域网络品牌。在推进重点、中心城市城域网建设和应用示范的基础上，强化资源共享和互通，同周边地区在电子政务、重点行业和民生服务等领域积极开展协同合作，推动低功耗广域网络创新应用产业的区域化协同发展。

第二节　数字丝绸之路公共服务体系建设之——智慧城市

当前，随着云计算、物联网、大数据等新一代信息技术的快速发展，全球面临新一轮信息技术革命，发达国家相继制定国家战略以期占领发展先机。如德国工业 4.0 战略、美国的智慧地球和智慧城市等。为顺应新一轮信息技术浪潮，结合我国发展历史和国情，国家主席习近平在 2013 年 9 月首次提出共建丝绸之路经济带，同年 10 月提出“一带一路”建设愿景。

我国重提丝绸之路的重要意义在于提振西部开发与开放，推动区域一体化发展，而区域一体化建设要以丝绸之路沿线各节点城市为支撑，需依托已形成区域优势并可以协同发展的城市群。作为我国重要的国家战略，数字丝绸之路建设的重点在于进一步加快丝绸之路经济带上各节点的信息基础设施建设，以数字流、信息流整合资金、人力、物流等，推动丝绸之路节点城市的网络化、智慧化建设，加快数字丝绸之路战略的实施落地。

一、数字丝绸之路与智慧城市建设相辅相成互为推动

我国数字丝绸之路战略的提出，必将形成区域联动，加速推动沿线节点智慧城市的建设质量和步伐。反过来，数字丝绸之路战略的最终实现取决于各节点智慧城市的建设水平和推进速度。两者相辅相成，互为推动。具体而言：

（一）数字丝绸之路战略将推进沿线智慧城市建设的进程

我国自2009年开始进行智慧城市建设的实践和探索，丝绸之路沿线经济带上的节点城市也在积极进行智慧城市建设。这些节点城市是数字丝绸之路的建设支点，数字丝绸之路战略的提出有利于沿线节点城市进一步实现互联互通，加快各节点城市智慧城市建设步伐。《国家新型城镇化规划（2014—2020）》中指出，构建丝绸之路经济带，要依托陆桥通道上的城市群和节点城市，《推动共建丝绸之路经济带和21世纪海上丝绸之路的愿景与行动》再次明确提出了根据一带一路走向，以沿线中心城市为支撑的发展思路。通过丝绸之路经济带沿线智慧城市建设，形成智慧城市群。数字丝绸之路战略的提出使得智慧城市建设得到更广范围、更深层次的推进，相关配套政策及保障措施的跟进必将进一步促进沿线智慧城市建设步伐。

（二）沿线节点智慧城市建设是实施数字丝绸之路战略的重要抓手

2017年4月，网信办倡导"一带一路"沿线国家实现网络互联信息互通，并将智慧城市共同建设作为"一带一路"信息化建设的一项重要内容。将智慧城市共同建设作为"一带一路"信息化建设的一项重要内容。"一带一路"沿线国家中有很多是信息基础设施建设落后及不发达地区，这些地区通过智慧城市建设，实现城市运行的数字化、网络化，从而实现智慧化。特别是信息基础设施的建设，推动网上丝绸之路建设，推动沿线各国突破信息孤岛，早日实现互联互通，并借助智慧物流、智慧贸易打通合作通道，从而促进数字丝绸之路的战略实施。一如习近平总书记在"一带一路"国际合作高峰论坛上所提到的，智慧城市建设与云计算、大数据共同成为实现数字丝绸之路的重要一环和抓手。

二、"一带一路"沿线智慧城市合作共建现状

（一）合作广度和深度不断拓展

一是国家层面高度重视。2017年5月，国家主席习近平在"一带一路"国际合作高峰论坛开幕式上发表主旨演讲时强调，要将"一带一路"建成创新之路，创新是推动发展的重要力量。要坚持创新驱动发展，加强在数字经

济、人工智能、纳米技术、量子计算机等前沿领域合作，推动大数据、云计算、智慧城市建设，连接成21世纪的数字丝绸之路。可见，国家层面已经将智慧城市合作共建列为“一带一路”国家战略的重要内容之一。

二是国际合作交流日益紧密。一方面，近年来由国内密集发起的诸如“一带一路”与智慧城市融合发展高峰论坛、“一带一路”智慧城市产业发展论坛、“一带一路”智慧城市高峰论坛等相关论坛，为政府、产业界、研究机构等参与主体提供了广泛交流合作的平台，在资源整合、模式创新、合作共赢等方面形成了很多有益的共识。另一方面，2016年成立的联合国海陆丝绸之路城市联盟智慧城市与新兴产业委员会，将致力于成为智慧城市领域合作共建落地的载体，旨在促进沿线地区政府、企业、民间机构在该领域国际合作项目中的合作，并对智慧城市的建设以及新兴产业的发展提供强有力的支持和服务。

三是合作项目加速落地。截至目前，国内已经有智慧城市领域相关企业与“一带一路”沿线国家签订了合作协议。华为：2016年7月，华为与迪拜南城签署了合作协议，将为该城市自由贸易区制定和部署智慧城市方案。中兴：2017年5月，中兴通讯与保加利亚发展控股有限公司共同签署“保加利亚圣索菲亚智慧城市合作”协议，将打造一个基于新一代信息技术，集商务办公、休闲购物、旅游度假于一体的智慧新城。格利尔：2017年5月，格利尔与孟加拉国签署中孟智慧城市照明项目合作协议，合作内容主要包括利用格利尔自主研发的智慧照明技术，赋能孟加拉国的城市照明，逐步实现城市照明的智慧化管理。

（二）智慧城市领域合作共建面临的挑战

一是智慧城市建设的信息化基础设施水平存在较大差异。从沿线国家和地区的信息化基础来看，根据世界经济论坛《全球竞争力报告2016—2017》报告，在“一带一路”沿线地区中，信息化基础设施水平较高的国家主要集中在西欧和南欧，以及中东部分地区，而其他地区国家的信息化基础设施水平相对落后。而发展中国家和地区之间同样存在着较大的“数字鸿沟”，例如西亚、东亚、东南亚地区的每百人固定互联网用户数和移动电话用户数指标相对较高，而中亚、南亚地区则相对较低。“一带一路”沿线国家信息化基础设施水平的较大差异导致了智慧城市合作共建的重点多样化。

二是沿线国家智慧城市合作共建面临诸多风险。第一，安全风险。当今国际形势错综复杂，“一带一路”沿线有些国家的安全形势复杂多变，反恐斗争和维护稳定的任务艰巨，将对智慧城市合作共建造成一定安全风险。第二，政治风险。智慧城市领域的基建项目一般具有投资门槛高、建设进度慢以及回收周期长等特点，当地政治环境稳定与否与项目成功密切相关。此前，由于泰国、缅甸、斯里兰卡等国发生的政局变化，参与大型基础建设项目的国内相关企业都遭受了巨大的经济损失。第三，法律风险。“一带一路”沿线上的一些国家在法律方面与国际惯例接轨滞后。从目前来看，我国企业参与这些国家智慧城市合作共建项目，无论是税收缴纳、安全环保，还是招标程序、国家安全审查等方面都存在潜在的风险。

三是合作建设模式不能简单“复制”和推广。我国智慧城市建设起步较早、积累经验丰富，目前已有北京、上海、杭州等多个样本城市，但是在与沿线国家合作共建智慧城市中难以简单地“复制”和推广。究其原因，智慧城市建设是一个长期的过程，更是一个复杂的系统工程。任何一个环节做得不好都会影响整个进程。尤为突出的是，在大数据建设中，数据存储最容易、数据挖掘最有价值、数据采集最难，特别是在建设过程中将面临各国对数据采集工作认识不一、重视程度不同的困难，沟通协调工作量大。因此，未来在与沿线国家合作共建智慧城市的过程中需要针对各个国家和地区制定不同的建设方案，以保证项目建设进程的顺利推进。

三、案例

（一）杭州智慧城市模式

21 世纪是网络和数字创新引领的时代。杭州作为中国信息化、数字化建设的国内领先城市，近年来在信息基础设施建设、数字化技术创新应用等方面取得了跨越式发展，尤其是智慧政务、智慧公共服务和智慧产业等领域，以数字化、智能化带动技术、管理、服务、产业创新，打造“国内领先、世界一流”的智慧城市。

2016 年 12 月 27 日，中国“新型智慧城市”峰会在北京召开，主办方正式发布《中国新型智慧城市》白皮书，同时公布全国 335 个城市的“互联网 +”

社会服务指数排名，杭州市位居首位，成为“新型智慧城市”的标杆。

1. “十三五”杭州智慧城市建设框架

2017 年 7 月，杭州市人民政府办公厅印发《“数字杭州”（“新型智慧杭州”一期）发展规划》，为全面建设国家新型智慧城市打下基础，明确 2017 年 1 月至 2020 年 12 月期间新型智慧杭州建设的五大领域，具体如表 3 – 3 所示。

表 3 – 3 “十三五”杭州智慧城市建设领域

领域	具体内容
基础设施	有线宽带、无线宽带（3G、4G、WLAN）、5G 商用试用网络、卫星通信、北斗导航及其兼容产品、公共基础支撑体系
电子政务领域	政务信息资源整合归集及基础数据共享、升级浙江政务服务网杭州平台，构建覆盖市、区县（市）、乡镇（街道）、村（社区）四级协同服务体系及考核监督体系
惠民服务领域	智慧教育、智慧医疗、智慧社保、智慧社区、智慧扶贫、智慧体育、智慧文化、智慧旅游、智慧农业、智慧气象
城市精细管理	智慧交通、智慧警务、智慧城管、智慧市场监管、智慧安监、智慧检务、智慧党建、智慧审计、智慧环保、智慧信用
智慧产业	人工智能产业、大数据产业、物联网产业、智能制造产业、智慧跨境电商

2. 案例分析

（1）数字化、智能化使城市各行业部门传统发展模式得到转型升级

一是城市政务领域。“十二五”期间，杭州初步建成“浙江政务服务网杭州平台”，对各类政务服务进行集成，初步构建“互联网 + 政务服务”体系。2016 年 12 月，杭州市政府发布《杭州市智慧政务发展“十三五”规划》，明确以数字杭州为引领，整合现有电子政务资源，深化政务数据互通和共享，建设规范、统一的全市智慧电子政务管理体系，推动电子政务智能转型，开创具有政府决策创新、公共服务创新的政务智慧化新格局。

二是城市公共服务领域。信息通信服务方面，2012 年 10 月，杭州率先在国内实行向公众免费开放 Wi-Fi，包含主城区街道、景区、交通站点及行政服务在内的共 2000 个站点，为全市提供“一键”“一站”信息服务。金融服务方面，2016 年 4 月，北京大学互联网金融研究中心发布互联网金融发展指数报告，杭州排名第一。2017 年 1 月，支付宝公布 2016 年全民账单，杭州市人

均支付额为全国第一。教育服务方面，“十二五”期间杭州教育信息化创新发展体系基本成型，远程、网络教学应用逐步成熟，实现对传统教学模式优化升级。医疗卫生服务方面，推进“智慧医疗卫生”工程，实现一卡集成社会保障、劳动就业等各方面公共服务，服务效能提升。

三是产业领域。传统产业方面，“十二五”期间杭州农业物联网应用基础扎实，基本建成农业智慧化体系平台。智能制造技术标准体系不断完善、协同创新平台和产业生态系统不断创新。培育新一代信息技术产业方面，阿里巴巴等知名互联网企业落户杭州，有助于形成云计算、大数据、物联网等新一代信息产业，推动软件开发、数字内容服务、网络通信、信息咨询及数字加工服务等信息技术的发展，培育新型业态和经济增长点。根据相关统计数据，杭州2016年云计算与大数据产业增加值同比增长高达28.2%，实现增加值960.58亿元，占全市GDP的8.7%，发展势头迅猛。

（2）智慧城市建设进一步提升数字化发展水平

一是智慧产业基础上形成的新一代信息技术得到飞速发展。建设智慧城市涉及城市网络覆盖、数据平台搭建、信息处理中心建设、信息服务整合等多个环节，对5G、云计算、大数据、下一代互联网等产业，不但有着直接的促进作用，还提供直接的市场需求。此外，智慧产业泛在、智能的特点尤其突出，一系列新的应用需求场景助推5G、云计算、大数据、物联网等技术的发展。

二是智慧城市领域对数字化技术实践水平提升具有积极作用。智慧城市已成为现代城市发展的趋势和热点，通过智慧政务、智慧交通、智慧医疗、智慧社区等试点应用，可以在实践中检验相关技术和模式的不足，及时进行优化。2017年7月，市政府印发“数字杭州”（“新型智慧杭州”一期）发展规划，明确开展智慧政务应用、市级智慧教育示范校、“互联网+”体育场馆资源示范，以实践提升技术应用能力。

三是智慧产业的丰厚积累有助于形成新技术及应用孵化器。杭州智慧产业领域具有雄厚基础，有利于培养智慧产业基地和孵化器，推动建立以技术、应用、服务为核心的智慧产业集群，衍生创业项目。国内层面，2015年杭州创业项目共计1364个，年均增长率32.4%，增长速度全国第一。国际层面，强化与美国、英国等合作，重点培育一批移动互联网、物联网、产业平台等新兴产业，提升核心竞争力。

四是杭州智慧城市建设实现与“一带一路”建设的互动互促。战略定位方面，“一带一路”地方合作委员会（BRLC）秘书处、丝路国际联盟、全球制造业合作联盟中国总部等机构落户杭州，强化了杭州在“一带一路”战略中的地位。跨境电商合作方面，作为中国首个跨境电子商务试验区，杭州发挥以阿里巴巴为代表的电商资源优势，率先打造“杭州版”的“网络新丝路”，在全球电子商务领域占据领先。能源合作方面，强化“一带一路”境外投资，如中国浙江恒逸（文莱）PMB石油化工项目等。跨境旅游方面，根据携程发布的《2016“一带一路”出境旅行年度报告》数据，全年携程累计向“一带一路”境外国家及地区输送旅客超过1000万人次，同比增长72.5%，杭州也是为“一带一路”沿线国家输送旅游客源的主要城市之一。

（二）迪拜智慧城市发展模式

1. 案例描述

迪拜是世界城市转型发展的一个典范。多数人认为，迪拜能够成为中东地区发展最快最成功的城市之一，其主要财富来自石油收入。然而事实并非如此，阿联酋石油储量的95%都在阿布扎比酋长国，迪拜的石油储量占比很小，目前迪拜的收入主要来自贸易、金融、房地产、旅游等第三产业，石油相关收入只占到迪拜收入的2%。20世纪70—80年代石油收入的确对于迪拜城市发展至关重要，但迪拜没有因此成为经济结构单一的石油城市，而是迅速完成了从石油资源型城市向商贸旅游城市的转变。迪拜的转型主要归功于其在城市运营管理上的巨大成功。

智慧迪拜成为迪拜城市发展的新目标。20世纪70年代以前，迪拜的城市发展缓慢。1955年迪拜的城区只有3.2平方公里。70至80年代石油收入的增加使迪拜发展成为石油资源型城市。这一时期迪拜脱离了英国殖民统治并进行了城市总体规划，实现了休闲娱乐、商业金融等功能分区。1989年，迪拜旅游与商业市场部成立，开始了独具特色的城市转型之路，营造出了非常便利和友好的商业环境，大力发展贸易、金融、物流（交通）和旅游等几大领域，成功发展为中东地区商贸旅游中心城市。此后，迪拜智慧城市发展的主要规划及措施应用具体如表3-4所示。2014年，迪拜开始了新的转型之路，提出了“智慧迪拜”计划，目标是将迪拜建设成为全球最智慧的城市。“智慧迪拜”共提出545个智能服务和相关倡议，有的已实施，有的还在规划中，主要包括智能生活、智能交通、智能社会、智能经济、智能管理、智能环境六大领域。2016年，迪拜制定了“迪拜2021”的愿景规划，进一步提出由迪拜智能政府计划带动智慧城市发展的六项措施。

表3-4　迪拜智慧城市发展的主要规划及措施应用

	战略计划	主要措施	主要应用
2014年	《智慧迪拜城市战略2014—2017》：将迪拜建设成为全球最智慧的城市	提出545个智能服务和相关倡议，主要包括智能生活、智能交通、智能社会、智能经济、智能管理、智能环境六大领域	电子政务和智慧政府
2016年	《“迪拜2021”愿景规划》：使迪拜成为世界上最幸福最智能的城市	智能运输	将建设从迪拜去往阿布扎比超级高铁交通运输系统、搭建自动驾驶通勤小巴服务网络、全球第一个允许载客无人机运营的城市、2030年迪拜25%的道路运输实现智能无人驾驶
		智慧旅游	为游客提供无纸智能检查系统、对旅游设施和景点进行自动检查
		2017年底前迪拜实现免费Wi-Fi全覆盖	
		推出门户网站手机应用软件DubaiNow	集成了24个政府和私营部门的55项智能化服务
		迪拜水电局与华为建立战略伙伴关系	提高双方在技术科学领域的合作
		成立迪拜数据公司（DDE）	建立专业数据库服务政府、企业，规范和协调政府部门数据
		政府区块链战略	到2020年，全部的政府文件处理都将放到区块链上
		其他措施	全自动、无人驾驶警车将于2017年底上路
			全球首座使用3D打印技术建造的办公室
			中东北非地区首个媒体云服务

2. 案例分析

在过去几年，迪拜实施了多个智慧城市项目并取得了显著成果，这与迪拜高效的城市运营管理是分不开的。

一是政府主导多部门密切协调推进。一方面加强了推进智慧迪拜的组织领导。政府建立了迪拜智慧城市办公室和智慧城市建设局，把迪拜先前分散的信息通信和技术部门整合起来。2016 年迪拜又成立迪拜数据公司（DDE）。“智慧迪拜”项目与 9 个政府部门和 2 个试点智慧街区紧密合作，此外还和私营部门、学术界以及他国政府密切协调。另一方面，积极以智慧政府引领智慧城市建设。在迪拜举行的第 36 届海湾信息技术展，迪拜提出了智能政府计划为首的六项智慧城市推进措施，以实现迪拜在 2021 年成为世界领先的智慧城市。迪拜的门户网站手机应用 DubaiNow 集成了 24 个政府和私营部门的 55 项智能化服务，为迪拜居民提供了无缝高效的用户体验。2016 年 10 月，迪拜官方宣布：到 2020 年，全部的政府文件处理都将放到区块链上。

二是智慧迪拜为前沿科技应用提供指导。迪拜水电能源部计划在迪拜各处建电车充电站，同时建立智能电网，使家庭和大楼内都能用上太阳能。2016 年 11 月，迪拜宣布将建设超级高铁交通运输系统。这条从迪拜去往阿布扎比的线路长度为 99 英里（159.4 千米），全程将只需 12 分钟的时间。迪拜还预备搭建自动驾驶通勤小巴服务网络，借助自动驾驶小巴，将主城区和正在建设的蓝水岛（Bluewaters Island）连接起来。全球首座使用 3D 打印技术建造的办公室在 2016 年 6 月于迪拜揭幕。迪拜在 2017 年世界政府首脑会议上宣布到 2017 年 7 月，迪拜将成为全球第一个允许载客无人机运营的城市，为乘客提供中短途日常交通运输解决方案。2017 年 6 月末，迪拜警方宣布全自动、无人驾驶警车将于年底上路。迪拜官方表示将建立起第一个无人警察局。可以说，智慧迪拜计划对迪拜前沿科技的应用提供了全面完备的、具有前瞻性的指南。

三是开放包容吸引全球创业创新资源。在过去较长一段时期，阿联酋的创业活动并不活跃。但是，该国创业投资的面貌正在改写，并在 2016 年实现了爆发。2016 年该国创业投资金额首次突破了 10 亿美元。迪拜未来基金会与知名工程软件开发商 Autodesk 宣布合作，计划通过一支 1 亿美元的投资基金来推动当地的 3D 打印创新。计划于 2018 年开业的未来博物馆将成为促进前沿科技与本地发展的孵化器。我国企业也积极参与了智慧迪拜的建设。我国华为与迪拜水电局建立战略伙伴关系。这一关系的建立将提高双方在技术科学领域的合作，迪拜南城（Dubai South）与华为签署了合作协议（MoU），将由华为给新自由贸易区提供智能城市解决方案。迪拜载客无人机运营采用的机型是由中国公司亿航智能自主研制的“亿航184”，该产品也是全球第一款可载客的无人驾驶飞机。目前该项目正在测试过程中。迪拜与阿姆斯特丹、巴塞罗那和马德里等城市进行了城市间合作。事实上，迪拜的很多人来自不同国家，智慧迪拜将为所有人提供机会，这也是迪拜智慧城市倡议的一部分。

四是以幸福城市建设为智慧迪拜建设的根本目标。迪拜的智慧城市计划明确提出了其最终目标是把迪拜打造成全球最幸福的城市。“迪拜2021”的愿景规划也明确提出，使民众更加幸福更加信任，使迪拜成为世界上最幸福最智能的城市。因此，智慧迪拜的各种前沿科技应用以及各种创新性举措，都是以迪拜人的“幸福感”作为评判的核心，而不是把技术作为核心。在评估迪拜智慧政府智慧城市等项目的综合评分中，民众的幸福指数和信任指数位于最重要的位置。

四、总结与展望

“一带一路”的发展首先要求互联互通，信息基础设施的建设势在必行。数字丝绸之路是“一带一路”沿线各国人员、商品、服务和资本交流必需的信息基础设施，智慧城市将是数字丝绸之路全面实现的重要载体之一，如同古代丝绸之路上一个个“驿站”，构成数字丝绸之路的“数字中枢”。智慧城市可以整合各类信息资源，实现互联互通，打破“信息孤岛”。因此，发展智慧城市是数字丝绸之路的必然要求和关键所在。同时，智慧城市本身市场规模十分巨大，对经济产业的拉动作用十分显著。据市场研究公司Persistence预测，2019年全球智慧城市市场规模将增长至1万亿美元，2026年将进一步增长至3.48万亿美元。智慧城市的建设既要政府的大力推动又要根据自身情况量力而行。经过多年的探索发展，我国已在发展智慧城市方面初步总结出一批成功模式，对促进“一带一路”沿线国家智慧城市的发展具有重要的借鉴价值。需要注意的是，技术是手段而不是目的，智慧城市建设的真正目的应是满足民众的需要，提升沿线国家民众的体验，增强民众的获得感和幸福感。

第三节 5G研发“下半场”[①]

据全球移动通信协会（GSMA）预测，到2020年，5G将推动全球移动业务收入增长至4.2万亿美元。当前，国际标准化组织、运营商以及设备商，都在加速5G标准化和商用化进程。2013年前后，中美欧日韩等国开始陆续启动5G研发，以公认的5G商用元年2020年为节点，可以说5G研发已进入到“下半场”阶段。如何以频率规划为先导，协同推进5G产业布局和应用创新，抢占“下半场”5G产业生态发展先机，是现阶段值得思考的问题。

一、全球5G研发已全面进入“下半场”阶段

5G标准化进程进一步加速。一方面，国际组织继续加大5G标准制定的力度。首先，ITU于2017年2月公布了《关于IMT－2020无线接口技术性能的最低要求》草案，5G性能规范标准确立。其次，3GPP于2017年3月通过了5G加速提案，5G新空口大规模试验和网络部署的目标可以提前至2019年实现。另一方面，各国（地区）对于5G标准话语权的争夺呈现愈演愈烈态势。韩国运营商KT计划在2018年冬奥会上提供5G试点服务，而美国运营商Verizon则计划于2017年向美国部分地区提供5G预商用服务，试图对于5G最终的全球标准起到先发制人的作用。

5G频率规划步伐进一步加快。从国际组织层面看，ITU在同时推动5G低频和高频的频率划分。WRC15上，新增了8个6GHz频率以下的IMT划分，并且对6GHz以上的频率明确了WRC19研究的候选频段。从国家和地区层面看，各国（地区）竞相发布各自频率规划以配合产业同步发展。欧洲方面，欧盟于2016年11月正式发布了欧洲5G频谱战略。美国方面，FCC已正式公布将24GHz以上频段用于5G移动宽带运营的新规则，意图影响ITU最终的

---

① 彭健、李宏伟：《布局5G研发“下半场”》，《中国计算机报》2017年5月29日。

5G 频率划分并提振本国移动通信产业链各方提前布局 5G 的信心。

5G 产业生态雏形进一步显现。一是 5G 产业链逐步完善。目前，支持 5G 网络的高通芯片 X50 已经发布，而华为、中兴、英特尔等设备商均展示过 5G 原型机。此外，2017 年的 MWC2017 上，5G 预商用基站、5G 联合网络切片、5G 解决方案等一系列面向 5G 产品的发布和演示，标志着 5G 由概念加速走向实际产品。二是 5G 应用创新成为全球新热点。5G 主要面向增强型移动宽带（eMBB）、大连接物联网（mMTC）以及低时延、超可靠通信（uRLLC）三大场景。基于三大场景，目前全球主要聚焦在 VR/AR、无人驾驶、物联网等领域加强与 5G 的融合应用创新。

二、现阶段我国推进 5G 研发需重点关注的几个问题

5G 频率规划工作虽已先行，但缺乏国家级整体战略方案。频率规划对移动通信产业有着直接的驱动作用，无论是基带芯片、射频芯片等核心器件的研发，还是产业国际漫游和规模化的实现都离不开频率规划的引领。虽然我国无线电管理机构已经在 5G 频率规划方面做了大量工作，但现阶段来看，相比美国、欧洲等国家和地区，我国 5G 频率规划仍然缺乏国家级整体战略方案。究其原因，5G 频率规划会涉及多个部门和单位的不同无线电业务，需要大量的组织和协调工作，受限于我国当前无线电管理体制，导致 5G 频率规划整体战略方案滞后。随着 5G 研发进入“下半场”，5G 产业布局已处于最佳时间窗口，产业链各方急需明晰的频率规划整体方案指明产业布局方向。

移动通信产业基础较好，但核心技术仍显薄弱。我国移动通信产业经历了“2G 跟随”“3G 突破”到“4G 同步”的跨越式发展历程，形成了较为完备的移动通信产业链。但客观分析，产业链中仍然存在核心技术的薄弱环节。例如终端制造中的芯片环节，虽然展讯、华为等厂商已经在技术研发和市场表现上崭露头角，但与高通、英特尔等国外厂商相比在专利质量、市场份额方面仍有不小的差距。而移动终端操作系统方面，目前主要由苹果、谷歌和微软三大巨头占据主导地位，国产操作系统亟待破冰。

5G 潜在应用前景广阔，但“杀手级”应用仍未明朗。新一代公众移动通信技术要在应用和产业方面获得成功，杀手级应用硬需求的推动是关键因素

之一。纵观移动通信发展史，2G 满足了移动通话的硬需求，3G 满足了移动数据的硬需求，4G 在智能手机普及的今天，各种 APP 的广泛使用，用户新使用习惯的形成使得 4G 变成了硬需求。切换到 5G，我国在智能制造、VR/AR、无人驾驶等方面对 5G 有着非常强的需求，但目前在技术方案、商业模式等方面还不成熟，5G“杀手级”应用出现尚待时日。

三、对策建议

尽快出台符合我国国情的 5G 频率规划整体战略方案。一是成立以国家无线电办公室牵头，军队无线电管理机构、公安部、交通部等相关部门参与的高级别 5G 频率规划协调小组。以《物权法》《无线电管理条例》等法律法规为依据，强调频谱资源的国家整体利益特性，提高跨部门频率规划工作的权威性和效率，引导产业发展。二是在整体战略方案中引入频谱资源配置市场化机制以及频谱共享等多种措施，满足未来 5G 时代的频谱需求，为 5G 产业发展提供有力频率支撑。三是以战略协同支持 5G 产业“走出去”。对接“一带一路”国家战略，加强与沿线国家双边、多边以及国际的频率协调，促进 5G 产业同步输出。

统筹产业链各方提前谋划 5G 产业布局。一是借鉴 TD－LTE 产业的成功经验，进一步加强国际合作，推动形成全球统一 5G 标准，促进 5G 产业全球漫游和规模提升。二是依托 IMT－2020（5G）推进组为平台，整合国内产学研主体力量，营造上下游协同、“芯片—系统—终端—应用”互动的产业生态环境，尽快推动国内 5G 试商用。三是加强对操作系统、高端显示屏、基带芯片等核心技术的研发支持力度，摆脱对美国、韩国等国供应链的依赖，增强产业自主可控性。四是推动“共享专利池”建设，有效规避国内企业在国际市场中的专利诉讼风险，提升我国 5G 产业在国际竞争中的软实力。

围绕应用创新做大做强 5G 生态体系。一是在《中国制造 2025》战略深入推进的背景下，加快 5G 在工业互联网中的深入应用，形成包括技术、标准、产品、服务一整套可复制、可推广的 5G 与工业互联网融合解决方案。二是推动面向 5G 同步演进的窄带物联网 NB－IoT 和车联网 V2X 等技术的商用化部署，从市场拓展、产业生态以及商业模式等方面，为未来 5G 时代积累经验和奠定基础。三是鼓励企业积极探索5G与VR/AR等技术的融合创新，一方面要做好相关技术需求对接，优化5G技术性能指标，另一方面要支持电信运营商与互联网企业加强合作，共同培育5G与VR/AR等技术深度融合的新业态、新模式。

第四节　工业互联网[①]

当前，以物联网、移动互联网为代表的全球信息技术革命正在推动新一轮产业变革，无线技术在工厂生产过程中各环节的应用越来越普及，从信息采集、数据传输和分析到最后生产决策控制都离不开无线技术的有力保障。在工业互联网范畴，无线技术已经在工厂内部信息化、工业非实时控制、数据采集等领域得到了应用和推广，诸如Wi-Fi、公众移动通信技术、Zigbee等技术已经应用于工厂内的生产环节。除此之外，随着技术的不断演进，无线技术正在加速向工业实时控制领域渗透，成为传统工业有线控制网络有力的补充或替代，如5G已明确将工业控制作为其低时延、高可靠的重要应用场景，3GPP也已开展相关的研究工作，对应用场景、需求、关键技术等进行全面的梳理，此外IEC正在制定工厂自动化无线网络WIA－FA技术标准。

为更好地为我国工业互联网产业发展服务，本文主要对工业互联网的内涵、体系架构进行阐述，重点针对工业互联网领域所使用的无线技术进行研究，结合目前工业互联网中的几种典型应用技术，梳理国内外频谱应用现状，提出适合我国的候选频段建议，以期为我国工业互联网的频谱规划提供参考。

一、工业互联网的内涵及体系框架

（一）工业互联网的内涵

1. 国外观点

工业互联网的概念最早由美国通用电气公司（GE）于2012年提出。通

① 彭健：《工业互联网之无线技术用频》，《上海信息化》2017年8月10日。

用电气董事长伊斯梅尔认为工业互联网是一个由生产机器、相关制造设备以及连接网络集合而成的一个物理生态系统，通过该生态系统能够对连接能力、大数据分析能力等进行更深入的融合。不管是工业领域还是互联网领域，这两个领域各自发生的革命都极大地推动了社会发展：一方面，在工业革命的带动下，大量的生产机器、制造设备以及相关工作站得到了广泛普及和应用；另一方面，伴随着互联网革命，信息通信技术及其应用得到了前所未有的快速发展。而新生的工业互联网正是要整合两大领域的各自优势，将物联网、大数据、云计算等新一代信息技术与“人”有机地结合起来，打通数字虚拟世界和实体物理世界之间的隔阂，进一步实现工业制造领域的智能化、网络化、柔性化。

通用电气提出的工业互联网的概念融合了工业革命和互联网革命两大领域的巨大优势。这些优势充分体现了工业互联网的精髓，可以归纳为三个方面：

一是智能机器。智能机器可以实现工业领域的各种机器、制造设备、系统网络与互联网领域的多种传感器、相关工业控制软件之间的有序连接。

二是高级分析。高级分析是指利用物理实验、建模测算、材料科学、自动化及其他相关学科的专业知识分析机器、设备和大型系统的运作方式。

三是工作人员。在员工之间建立实时动态连接，保证所有工作人员能够在任何时间、任何场景下进行互联，从而实现智能化的设计、生产、运维，以及更高质量的服务和安全保障。

2. 国内观点

工业互联网是和新一代信息技术与工业系统全方位深度融合所形成的产业和应用生态，是工业智能化发展的核心共性综合信息基础平台。工业互联网的本质是在生产机器、原材料供应、控制与信息系统、产品以及“人”之间实现互联互通的基础上，通过对工业生产、管理等数据的广泛采集获取、在线传输、大数据分析处理和建模分析，实现智能控制、运营优化和生产组织方式变革。工业互联网有“网络”“数据”“安全”三大要素，其中，网络是基础，是通过物联网、互联网等技术实现工业全系统的互联互通，促进工业数据的充分流动和无缝集成；数据是核心，是通过工业数据全周期的感知、采集和集成应用，形成基于数据的系统性智能，实现机器弹性生产、运营管理优化、生产协同组织与商业模式创新，推动工业智能化发展；安全是保障，即通过构建涵盖工业全系统的安全防护体系，保障工业智能化的实现。工业互联网的发展体现了多个产业生产系统的融合，是构建工业生态系统、实现工业智能化发展的必由之路。

工业互联网与制造业的融合将带来四方面的智能化提升。一是智能化生产：基于全面的数据采集，运用大数据技术，通过高可靠的建模分析，实现整个工厂的决策智能化和管理优化动态化，提升产品全生命周期的生产效率，并能大幅降低制造成本。二是网络化协同：利用互联网整合和调动全球的制造业生态资源，通过众包众创、协同制造等一系列新模式和新业态，不仅能够有效降低新产品的研发成本，还能加快新产品的上市速度。三是个性化定制：通过互联网掌握个体消费者的个性化消费需求，利用网络化协同的资源整合优势，实现低成本大规模的用户定制。四是服务化转型：通过对产品运行的实时动态监测，提供远程升级、日常维护、故障检测等一系列服务，将服务贯穿于产品从设计到销售的全闭环管理，实现企业服务化转型。

根据《国家智能制造标准体系建设指南（2015 年版）》定义，工业互联网位于智能制造系统架构生命周期的所有环节，设备、控制、工厂、企业和协同五个层级，以及智能功能的互联互通。

（二）工业互联网体系框架

我国工业互联网产业联盟（AII）于 2016 年 2 月成立，2016 年 8 月发布《工业互联网体系架构（1.0 版本）》。AII 提出，工业互联网的核心是基于全面互联而形成数据驱动的智能，网络、数据、安全是工业和互联网两个视角的共性基础和支撑。

其中，“网络”是工业系统互联和工业数据传输交换的支撑基础，包括网络互联体系、标识解析体系和应用支撑体系，表现为通过泛在互联的网络基础设施、健全适用的标识解析体系、集中通用的应用支撑体系，实现信息数据在生产系统各单元之间、生产系统与商业系统各主体之间的无缝传递，从而构建新型的机器通信、设备有线与无线连接方式，支撑形成实时感知、协同交互的生产模式。

“数据”是工业智能化的核心驱动，包括数据采集交换、集成处理、建模分析、决策优化和反馈控制等功能模块，表现为通过海量数据的采集交换、异构数据的集成处理、机器数据的边缘计算、经验模型的固化迭代、基于云的大数据计算分析，实现对生产现场状况、协作企业信息、市场用户需求的精确计算和复杂分析，从而形成企业运营的管理决策以及机器运转的控制指令，驱动从机器设备、运营管理到商业活动的智能和优化。

“安全”是网络与数据在工业中应用的安全保障，包括设备安全、网络安全、控制安全、数据安全、应用安全和综合安全管理，表现为通过涵盖整个工业系统的安全管理体系，避免网络设施和系统软件受到内部和外部攻击，降低企业数据被未经授权访问的风险，确保数据传输与存储的安全性，实现对工业生产系统和商业系统的全方位保护。

与现有互联网包含互联体系、DNS 体系、应用服务体系三个体系相类似，工业互联网也包含三个重要体系。一是网络互联体系，即以工厂网络 IP 化改造为基础的工业网络体系。包括工厂内部网络和工厂外部网络“两大网络”。工厂内部网络用于连接在制品、智能机器、工业控制系统、人等主体，包含工厂 IT 网络和工厂 OT（工业生产与控制）网络。工厂外部网络用于连接企业上下游、企业与智能产品、企业与用户等主体。二是地址与标识体系，即由网络地址资源、标识、解析系统构成的关键基础资源体系。工业互联网标识，类似于互联网域名，用于识别产品、设备、原材料等物体。工业互联网标识解析系统，用于实现对上述物体的解析，即通过将工业互联网标识翻译为该物体的地址或其对应信息服务器的地址，从而找到该物体或其相关信息。三是应用支撑体系，即工业互联网业务应用交互和支撑能力，包含工业云平台和工厂云平台，及其提供的各种资源的服务化表述、应用协议。

二、无线技术在工业领域的应用

无线技术应用于工业领域兴起于本世纪初，主要是面向工厂内及其间短距离、低速率数据传输的无线通信技术。作为有线网技术的补充，这些无线技术一般应用在不适合有线网络铺设的场景下，同时还需要具备超低能耗、强抗干扰能力、可靠性强等技术特征。

（一）无线技术应用于工业领域的优势

无线通信网络最本质的属性就是通过无线技术连接通信节点，这一特征能够节约有线网络线路建设成本和节省线路安装成本。基于无线的特有属性，还促成了新应用的出现，例如用于分析制作进程和排除故障的温度测量系统。在某些应用场景下，从技术角度分析，使用有线系统同样可行，但是实际经济效益的因素却成为项目实施的巨大阻碍。而利用适配的无线技术，可以将无线通信系统部署在移动的机器或设备上，进而通过无线网络将所需传输的信息通过无线技术传到工厂内控制中心或其他控制层。这种情况下，如果使用有线通信系统和有线传输技术，就需要进行大量的有线网络建设，使成本大大提高，对于工厂来说成本过高。

由于无线网络应用与工业相比于现有的工业有线网络具有明显的优势，因此无论是德国工业 4.0 还是美国工业互联网都越来越重视无线技术的研发和应用。一是无线技术可大幅降低网络部署和运维成本。利用无线技术部署网络，无须在工业领域各场景中铺设线缆及相关配套设备，从而使得前期网络部署和后期网络运维成本得到有效降低。二是无线技术能够提高生产线的灵活性。相比较传统工业有线网络，无线技术的应用可以在现场、车间、厂房等多个场景下实现相关设备工作状态的移动性，大大改善了生产机器和制造设备在工厂内布局的灵活性，进而能够根据工业生产方式和市场需求的实际情况，快速实现生产线的重构。三是无线技术提升了工业网络部署的广泛性。传统的工业有线网络往往会因为某些场景的特殊限制，导致了线缆铺设存在盲区，使得工业网络无法完全渗透于工业领域的各个场景。而无线技术突破了有线网络线缆的束缚，并且现在的无线技术具有多种网络部署架构，在各种工业场景下都可实现快速部署。

（二）工业互联网无线技术应用现状

目前无线技术主要用于信息的采集、非实时控制和工厂内部信息化等，Wi-Fi、Zigbee、2G/3G/LTE、面向工业过程自动化的无线网络等技术可以得到广泛应用。对于低功耗、广覆盖、大连接等工业信息采集和控制场景，NB－IoT将会成为较好的技术选择。同时无线技术正逐步向工业实时控制领域渗透，成为现有工业有线控制网络有力的补充或替代，5G 已明确将工业控制作为其低时延、高可靠的重要应用场景，3GPP 也已开展相关的研究工作，对应用场景、需求、关键技术等全面梳理。

从使用范围来看，工业互联网无线技术主要分为工厂内无线技术和工厂外无线技术。通常情况下，“工厂内”所描述的是一定范围内的区域，工厂内无线技术标准主要是基于 IEEE802.15.4 协议标准，为了满足低功耗、低成本的无线网络传输要求，用于在低成本设备（固定、便携或可移动的）之间进行低数据率的传输，主要有 WirelessHART、ISA 100.11a、WIA－PA 以及短距离微功率技术等。“工厂外”所指的是更加广域的范围，用于工厂间等较远范围内的无线通信。目前来看，用于工业互联网工厂外无线通信的可能技术包括 NB－IoT 技术、5G 技术等。

三、工业互联网无线技术频谱使用现状及面临挑战

（一）国内外用频现状

1. 欧盟

2011 年，欧盟就已经开始研究工业互联网频率的问题。根据工业无线技术所需的频率需求，初步提出了候选频段。2014 年，IEC 明确了专用频段为 1.4—6GHz。并且至少需要 76MHz 的频谱。IEC 同时还考虑了 ISM 频率功率控制的要求，以确保该技术能够更好使用 ISM 频段。

工业互联网选择工作在这个无须执照的频段，主要原因如下：

ISM 频段目前可以免费使用，无须特别申请执照。只要在此频段上遵循频谱管理机构制定的相关规定就可以实现，如扩频方式、发射功率以及天线增益等。

ISM 频段可以为设备提供较高的带宽。美国联邦通信委员会（FCC）将 ISM 频段划分为三个不同的范围：902—928MHz，共计 26MHz 带宽；2.4—2.4835GHz，共计提供 79MHz 带宽；5.725—5.875GHz，共提供 125MHz 带宽，可以支持高速率传输。

ISM 频段因无须进行申请所以可很大程度缩短产业化的时间。

ISM 频段上的设备整体规模都比较小，无线电和天线的体积也相对较小，可以加强设备的便携性。

2. 美国

美国联邦通信委员会（FCC）已经将 3550—3700MHz 共计 150MHz 频段

在频谱共享的条件下分配给移动宽带业务使用。2016 年 7 月，FCC 美国正式公布将 24GHz 以上频段用于 5G 移动宽带运营的新规则，这使得美国成为世界上首个将高频段频谱用于提供下一代移动宽带服务的国家。FCC 规划用于 5G 的 4 个高频段包括：3 个授权频段（28GHz、37GHz 和 39GHz 频段）；1 个未授权频段（64—71GHz 频段）。以上共有 11GHz 的高频段频谱可供移动和固定无线宽带灵活使用，其中授权频谱为 3. 85GHz，未授权频谱为 7GHz。其中部分频谱不在 WRC－19AI1. 13 的 5G 候选频段研究的范围之内。美国的军工发达，在高频上产业基础好，FCC 发布的 5G 高频规划也是基于美国当前的产业基础考虑的。

3. 韩国

2016 年 3 月，韩国电信运营商 KT 推出基于全国 LTE－M 网络的“小物联网”（IoST）服务，投资 1500 亿韩元（约 1. 2873 亿美元）新建窄带物联网（NB－IoT），为开发者提供 10 万个 IoST 传感器组件。并计划在 2018 年将连接 IoST 组件的数量增加至 400 万，以引领整个物联网行业的发展。

此外，KT 计划在 2016 第四季度推出全国 NB－IoT 网络，并完成服务测试。KT 表示，该 NB－IoT 网络覆盖范围更广，相比 LTE－M 其提供的网络速度要快 10 倍。

4. 中国

2015 年，国务院出台的第一个十年行动纲领《中国制造 2025》中多次提及工业互联网，纲领中提出作为两化深度融合的方向和突破口，工业互联网使用 5G 等相关通信技术，实现“低时延、高可靠、广覆盖”的愿景和技术特征，推动我国成为制造业强国。

国家标准化管理委员会和工业和信息化部印发的《国家智能制造标准体系建设指南（2015 年版）》给出了工业互联网标准，主要包括体系架构、网联技术、资源配置和网络设备 4 个部分，其中在资源管理中还包括了频谱资源的管理。2016 年 2 月 1 日，中国工业互联网产业联盟成立，接受工业和信息化部业务指导，联盟下有 7 个工作组，分别是总体组、需求组、安全组、技术标准组、实验平台组、产业发展组、国际合作组。

5. 其他国家

传统的工业强国不仅提出了频率需求和候选频段，同时也制定了一些工业无线技术的标准。从2004年开始，这些国家重点解决恶劣环境下，机器之间的短距离、低速率信息传输的问题。国际电工委员会（IEC）、美国仪表系统与自动化协会（ISA）等制定了WirelessHART、ISA100.11a、WIA-PA等工业无线技术标准。它们基于IEEE802.15的物理层技术规范，这些技术都工作在2.4GHz等频段。WIA-PA是我国工业无线技术标准，已经被IEC采纳为欧洲标准之一。

（二）我国工业互联网无线技术用频面临的挑战

一是现有的频率无法满足工业互联网无线应用的需要。由于工业互联网是一个新兴事物，有关的无线频谱没有统一的划分，标准化工作得不到统一开展，目前全球没有为工业应用规划专用频率，而是与工业、科学与医学共享900MHz、2.4GHz、5.8GHz频段（工业、科学、医学频段），市面上所有工业无线产品工作在ISM频段，其中主要运用2.4GHz频段。现有的频率规划不能满足互联网发展的需要。现有的工业频率都是与其他技术共享相同的频段，例如WLAN、蓝牙等技术。这使得ISM频段电磁环境变得相对复杂。另外，由于工业不断发展，需要网络满足高速率、密集接入、高可靠性的要求。规划工业互联网专用频率能够促进工业互联网发展。

二是工业互联网对频段范围、用频场景尚不明确。尽管无线技术有很多优势，相比于有线通信它自身也有一些劣势。首先，外界环境对无线通信有很大的影响。在车间和厂房中，由于大型机器排列不均。在这种环境下，无线电波会发生反射、绕射、散射以及多径效应的出现，这就要求工业互联网工作频段不能太高。第二，电磁环境较为复杂，一些电磁设备运转（例如马达和大型器械）也会对无线电波产生干扰。因此，工业互联网需要对用频范围做出规划。

三是频谱资源日益短缺，供需矛盾更加凸显。我国国民经济各行业的发展，国防建设，以及“宽带中国”“信息消费”“两化融合”等国家战略实施等都需要更多频率支持，同时，随着新一轮科技革命和产业变革兴起，物联网、移动互联网等新领域也引发更大频率需求，频率供需矛盾日益突出。可供分配的合适频率资源已十分有限。随着工业互联网的兴起，各种用途、各式各样的无线电设备大量涌现，静态的频谱分配方式也是造成频谱短缺的主要原因，频率供需矛盾日益突出，无线频谱短缺是制约当前通信技术发展的瓶颈。

四是工业企业与信息通信业缺乏合作融合。工业企业对于未来工业互联网的具体场景和实际需求还不明朗，目前阶段与信息通信业缺乏深入的合作有机融合。如何将通信技术应用于工业企业的特定场景需求以及如何通过合理的跨界合作体系充分发挥信息通信骨干企业的优势，是推动工业互联网持续健康发展亟待解决的主要问题。

四、我国工业互联网无线技术频率规划对策建议

（一）优化短距离微功率设备频率规划

优化现有免许可频率使用。围绕工业用频特点，规范工厂内使用ISM等频段，研究制定短距离微功率设备发射功率和共享标准，推进相关系统干扰消除技术的研发创新，增强系统抗干扰能力，提升免授权频谱内不同系统的共存能力。同时可根据行业实际发展需求，对现有部分短距离微功率设备射频指标和使用方式进行统筹调整，例如5725—5850MHz。

科学规划短距离微功率等免授权频率。目前，我国总体规划的短距离微功率（SRD）频谱资源总体上少于美国和欧洲。对于1GHz以下频段，美国比欧洲和中国为SRD规划了更多频谱。美国规划给WLAN、RFID和ZigBee等典型SRD设备的频谱资源远远多于中国；对于1GHz—10GHz频段，欧洲比美国和中国为SRD规划了更多频谱资源，对于WLAN系统，美国规划的频谱最多，中国最少。相比美国和欧洲，我国规划的SRD频谱资源数量总体并不占优。因此考虑增加免授权频谱规划，为SRD规划新的免授权频率，满足发展需求，例如1GHz以下、5GHz频段及高频段等。

进一步修订完善现有短距离微功率规范文件。2005年，原信产部“关于发布《微功率（短距离）无线电设备的技术要求》（信部无〔2005〕423号）”中对短距离微功率设备及使用频段进行定义；2006年发布《关于60GHz频段微功率（短距离）无线电技术应用有关问题的通知》（信无函〔2006〕82号），为短距离微功率无线电技术应用划分频率资源。新形势下，伴随无线技术发展，国际上短距离微功率呈现一系列新的特点，可以针对实

际需求对相应的规范文件进行进一步规范修订，例如“关于发布《微功率（短距离）无线电设备管理暂行规定》的通知（信部〔1998〕178号）”等文件，全面推动短距离微功率设备在新一代通信信息领域发挥作用。

（二）推动远距离传输技术研究及频率规划

支持NB-IoT技术相关频段试验和业务试点。根据我国通信发展实际需要，积极推进协调821—824MHz/866—869MHz等频段开展NB-IoT试验工作，加强NB-IoT网络在重点工业领域的应用。同时协调三大运营企业，在确保不产生无线电干扰的前提下，建议电信运营商充分利用现有2G、3G、4G频谱资源进行重耕使用，满足未来工业互联网工厂外频谱资源需求，如800MHz、900MHz、1.8/1.9/2.1GHz和2.6GHz等。开展5G频段规划和试验。重点加大对5G频率规划的研究力度，建议首先以接近全球统一共识的3400—3600MHz为核心，向上向下拓展，尽快形成连续大于300MHz可用5G频段，使我国在频谱准备上处于领先地位。其次是在高频部分，建议24.25—27.5GHz和37—43.5GHz或其中的部分频段作为我国5G高频候选频段，争取作为全球统一5G频段的候选频谱，特别是实现中国和欧洲的统一。

（三）考虑划分专用频率用于工业互联网无线应用

考虑到未来工业互联网应用场景下，工业网络规模将不断扩大、连接数将持续增加、数据吞吐率需求将继续提升。相应地，工业互联网中各类无线技术的频率需求也将随之增大。一些工业互联网应用场景下，对于无线通信的实时性、可靠性等要求非常高，为保障此类无线通信的用频安全，应该规划专用频率用于工业互联网的无线通信。经过上面的研究分析，未来我国工业互联网工厂内无线技术频率需求为16—52MHz，其中专用频率需求为5—16MHz左右。为了进一步促进我国智能制造的发展，助力“中国制造2025”，要重视对工业互联网的专用频率规划，考虑为工业互联网典型、关键应用划分专用频谱的可行性。目前，我国的5150—5250MHz、5250—5350MHz频段已分配给WLAN使用，5725—5850MHz频段已分配给扩频通信、无线局域网、宽带无线接入、车辆自动识别系统使用，因此不适合划分为工业互联网的专用频谱，建议可以考虑在5850—5925MHz频段中为工业互联网划分专用频段。

（四）充分释放简政放权与频谱共享的创新红利

一方面，确立“行政+市场”的资源分配制度。对于涉及国家安全、公共利益等无线电频率的许可，继续采用行政审批的方式予以重点保障；对于地面公众移动通信使用频率等商用无线电频率，修订后的《无线电管理条例》规定可以采取招标、拍卖的方式实施许可，充分发挥市场在资源配置中的作用，实现频谱资源经济效益最大化。采取市场化配置方式与行政指配方式在审批的时间节点、审批的严厉程度等方面都存在一定区别。因此，无线电管理机构需抓紧研究市场化手段配置频谱资源面临的挑战及应对策略，结合拟拍卖的具体频谱资源以及市场需求情况，对涉及的一系列问题，包括参与频谱资源竞争申请者的资质和财务能力、可申请的频谱数量、业务开展的相关要求等问题予以明确，着力提升频谱资源利用的质量和效益。

另一方面，通过频谱精细化管理，可以在频域、时域、空域多个维度实现频谱共享，进而提升频谱利用率、缓解频谱供需矛盾。目前，我国在频谱共享方面有一些探索与尝试，比如在2300—2400MHz、5150—5250MHz两个频段采取静态共享，分室内室外。5250—5350MHz只能在室内使用，同时又采用了动态频率选择和功率自动控制功能，采取动态共享的方式。此外，以2.4GHz为代表非授权频段的广泛应用更是体现了频谱共享的巨大潜力，这使得该频段成为全球利用率最高的频段之一。推动更多频谱资源的非授权动态共享或授权动态共享，将是进一步释放频谱资源利用潜力的有效举措。

（五）研究适应全球的工业互联网频率规划策略

结合我国工业互联网实际需求，依托工业互联网产业联盟，推动工业互联网频率工作组相关工作，开展工业互联网频率系统研究，建立工业互联网频谱规划顶层设计体系，研究确立频谱规划计划表。

同时，跟踪研究国际工业互联网频率规划进展，研究用于工业互联网的空天地一体化信息网络对于频率及卫星轨道资源的需求，满足在全球范围内流转的货物、设备及交通工具的状态监视及信息交换。积极参与双边、多边、区域及国际范围内的工业互联网频率需求和规划制定，扩大我国影响力，支持我国“走出去”的发展战略。

第四章　无线电管理

第一节　军民融合

21世纪是海洋的世纪，世界各海洋国家围绕着海权的争端态势进一步加剧。近年来，海洋经济、科技、资源、保护、管控等成为各国综合国力竞争的重要领域，海洋强国建设具有战略意义。习近平总书记指出，实施建设海洋强国对推动经济持续健康发展，对维护国家主权、安全、发展利益意义重大，要进一步关心海洋、认识海洋、经略海洋，推动我国海洋强国建设不断取得新成就。国务院、中央军委《关于经济建设和国防建设融合发展的意见》中也明确要统筹海洋开发和海上维权，推进实施海洋强国战略。

由于特殊地理位置，南海在我国经济和国防事业发展中具有重要战略意义，推进军民融合维护南海权益是我国海洋强国建设的重要途径。当前，作为我国海洋强国战略布局的关键海域，国家"一带一路"战略海上丝绸之路的重要段落，南海将具备更多军民融合能力。无线电管理长期服务于经济社会发展和国防建设，军民互补优势明显，《国家无线电管理规划（2016—2020年）》也明确提出要深化协作共享，推进军民深度融合，使其逐渐成为军民融合发展的重要领域。

一、面临形势

美国海洋势力扩张强势，南海维权潜在威胁严重。美国作为传统海洋强国，聚焦提高全球海洋统治力。2015年发布《21世纪海上力量合作战略》，强调"海上力量扩张"的中国是防范重点。2013—2017年期间更是多次"自由航行”南海扩张势力，如2017年5月，美国“杜威”号导弹驱逐舰就曾擅自进入中国南沙群岛有关岛礁邻近海域。中美南海军事对峙的逐年加剧，给我国南海主权维护带来严重威胁，对进一步推进军民深度融合，补充和强化南海信息军备力量，全面提升信息化维权和作战制胜能力提出迫切需求。

沿海周边国家纷争激烈，南海资源合理开发环境复杂。南海拥有丰富的海底石油、天然气等资源，经济价值巨大，一直是周边国家竞争的焦点。近年来，越南、菲律宾等国家加快抢占南海岛屿及海域，并引发美、日、印等国家相继插手，使局面更为错综复杂，严重影响我国南海资源开发权益，对我国推进军民深度融合，统筹协调民航、水上、渔业、交通、石油、电力和军队等各行业部门力量，全面提升南海资源开发和应用能力，使经略南海更有作为空间提出全面要求。

全球电磁空间战略博弈加剧，南海电磁空间预防能力不足。当前电磁空间已成为继陆、海、空、天之后的“第五维战场”，全球战略博弈加剧。美国2011年发布《网络电磁空间国际战略》《网络电磁空间行动战略》等多项战略，将网络电磁空间安全提升至国家安全层面。2015年又提出“全域介入”概念，确保其军队在海、空、天、陆、网络空间和电磁频谱空间中的行动自由。相比发达国家，我国南海重点海域和岛屿电磁空间防御体系建设相对滞后，海上态势侦察、预警和响应能力受限。新形势下制电磁权逐渐成为制信息权的核心，这对于推进无线电管理军民融合，优化网络电磁空间战略布局，加快构建高效的网络电磁空间防御体系，抢占网络时代信息化战争的战略制高点提出更高要求。

二、存在问题

军民融合协调机制需进一步完善。现阶段，无线电管理领域军民协调的工作程序主要以《关于规范无线电（电磁频谱）管理军民协调机制的通知》作为指导，采取联席会议方式处理相关问题。伴随军队领导指挥体制改革，一系列组织架构相应进行了调整，原有的协调机制已经不能完全适应新形势下工作要求，需要进行进一步修订完善，战区与省（区、市）军民无线电管理协调机制也需要结合实际需求进行相应调整。

南海军民无线电管理基础设施相对薄弱。南海战略地位特殊，军、民无线电管理责任重大，然而受环境气候、地理位置、人力、物力和财力等因素影响，基础设施建设相对薄弱，服务效能存在不足。尤其是近几年来，信息化海战、电磁空间竞争日益激烈，南海重点海域和岛屿信息系统、监测设施和监管平台等更显匮乏，亟待建设补充。同时南海区域军、地无线电管理由于各成体制，缺乏有效的沟通和资源统筹管理机制，资源融合不足，在一定程度上影响了管理效能。

南海电波传播特性研究未成体系。电波传播理论是无线电管理的基础性科学，我国自 1962 年批准成立中国电波传播研究所以来，在电波传播测量、电离层/对流层结构探测、电磁环境预报和传播信道模型等领域取得很大进展。但大部分是参考国外经验，进行跟踪和建模仿真，数据采集、挖掘深度不足，创新性和实际参考价值存在差距。尤其是针对南海电波传播特性领域，目前国内基于海上真实数据进行的理论研究尚处于空白，没有专门的研究机构，无法形成系统的理论体系。

三、工作突破点

突破点一：推进南海无线电管理基础设施军民融合。一是强化组织领导，协调军地相关部门，成立南海无线电管理军民融合领导小组，制定工作文件，规范工作程序。二是统筹共享南海现有军民基础设施资源，建立针对重点海域、岛屿、基地等区域的无线电管理协同保障工作机制，充分发挥双方工作效能。三是针对《国家无线电管理规划（2016—2020 年）》中重要海域及沿海地区监测设施、重要海域综合监管平台等建设内容，强化军民协作，研究共享和融合模式。

突破点二：开展南海军民联合无线电监测工作。一是紧抓“十三五”“边海地区无线电管理技术设施建设工程”契机，针对南海重点海域及岛屿，周期性、可延续地开展海上军民联合无线电监测工作，并做好相关的资料记录、整理和保存工作，作为“宣誓主权”的重要手段。二是基于海上联合监测数据资料，建设“南海重点海域及岛屿电磁环境数据库”，填补我国资料数据空白，作为“宣誓主权”的重要依据。三是做好新闻宣传工作，扩大影响力，同时推广成功的先进经验，助推其余海域沿海省市开展相关工作。

突破点三：构建南海电波传播理论军民合作研究体系。一是整合海南大学、中国海洋大学、中国电波传播研究所等军民科研机构和院校资源，挂牌成立“南海电波传播研究实验室”。二是基于真实海上监测数据进行电波传播特性、无线电应用等专题研究，构建基于复杂气候和季节变化条件下的南海电波传播理论体系，填补我国该领域理论空白。三是鼓励支持军民无线电设备厂家参与该领域课题研究，推进无线电管理技术设施及标准规范建设，丰富我国电波传播理论研究成果。四是依托海南大学，定期举办南海电波传播研究发展论坛，建立专业开放的研究体系。

第二节　网络空间国际合作法治

一、现行相关国际条约规则

（一）现行适用的国际法

2013 年和 2015 年联合国信息安全政府专家组的报告中确认国际法、特别是《联合国宪章》适用于网络空间。G20 安塔利亚峰会及杭州峰会对此也予以确认。上述专家组的两个报告还具体确认了国家主权、主权平等、禁止使用武力、和平解决国际争端、不干涉内政原则、尊重人权和基本自由等国际法基本原则的可适用性；确认各国对境内网络设施拥有管辖权，对可归责于该国的国际不法行为承担责任。

（二）国际公约

目前为止，网络空间领域尚未形成全球性的公约。

（三）自愿性质的“软法”规范

中俄等上合组织成员国在 2015 年 1 月向联合国大会提交了最新的“信息安全国际行为准则”（International Code of Conduct for Information Security）草案并作为联大文件散发，该准则提出了 13 条网络空间国家行为规范，涵盖国际和平与安全、人权和基本自由、打击网络犯罪和恐怖主义、互联网国际治理、能力建设和信任措施建设等方面，是目前国际社会在该领域最为综合系统的文件。

二、影响我国发展的国际规则及主要国家政策法规条款

（一）“国际规则”——《塔林手册》2.0[①]

《塔林手册2.0》共有四个部分，154条规则。第一部分“一般国际法与网络空间”，包括主权、审慎原则、管辖、国际责任法和未受国际法规制的网络活动。第二部分“国际法的专门机制与网络空间”，包括国际人权法、外交与领事关系法、海洋法、航空法、空间法、国际电信法。第三部分“国际和平、安全与网络活动”，包括和平解决、禁止干预、使用武力、集体安全。第四部分“网络武装冲突法”，包括一般武装冲突法、敌对行为、特定人员、目标与活动、占领、中立等内容。

《塔林手册2.0》存在的问题和缺陷：

一是编著和起草者绝大多数来自西方国家。共有18名专家参与起草，除以色列和澳大利亚这两名专家外，其余16名都来自北约成员国。尽管专家组也吸收了少数发展中国家的专家，并反映了他们的一些意见，但鉴于《塔林手册2.0》涉及领域广泛，很难全面地深入把握其所有内容。因此，《塔林手册2.0》主要反映的是西方国家，尤其北约成员国在网络空间适用国际法的主要观点和立场，不能代表中国等其他新兴国家的利益诉求。

二是基本概念认定不清晰。一方面，《塔林手册1.0》和《塔林手册2.0》都未对“网络战”（cyber warfare）这个关键词给以界定。这使得“网络战”这个核心概念缺失。另一方面，“网络行动”（cyber operation）界定过于宽泛。《塔林手册2.0》把网络行动界定为“在网络空间或通过网络空间，为实现目标而对网络能力的使用”。由于概念本身缺乏对主体、目标和网络能力的进一步说明，随着网络空间与现实空间的日益融合，网络行动将无法和日常

① 朱莉欣、武兰：《网络空间安全视野下的〈塔林手册2.0〉评价》，《信息安全与通信保密》2017年7月10日。

的敲键盘、用手机、按遥控的日常行为之间划出明显的界限。缺乏清晰的基本概念，如果依据此“国际规则”，将对中国未来在网络空间国际合作中争取合法正当的利益形成一定隐患。

（二）主要国别：美国①

《网络空间国际战略》——2011 年 5 月 16 日，美国《网络空间国际战略》正式发布，宣称美国将与全球其他国家加强合作，追求网络安全与自由。文件最“强硬”的一条规定是，如果未来遭到威胁美国国土安全的网络攻击，美国可以动用军事实力反击。美国还列出日后将在网络世界着力推进的七大政策重点，构成美国“网络外交”的主要内容。尽管美国未明确点名哪几个国家将是其《网络空间国际战略》针对的重点，但一些官员透露，他们希望这一战略能“促使中国和俄罗斯加大互联网自由度、保护知识产权，以及制定更严格法律保护网民隐私”。

《21 世纪海上力量合作战略》——2015 年 3 月 13 日，美国海军、海军陆战队和海岸警卫队联合发布了新版海上战略——《21 世纪海上力量合作战略》，这是美国海上力量时隔近 8 年后首次对其海上战略进行修订。美国新版海上战略呈现出两大亮点：首次提出“全域介入”的概念，意味着美军要求确保其在陆、海、空、天、电和网络空间等领域行动自由。而电磁频谱领域和网络空间已成为美军占据信息优势，瘫痪、瓦解对手作战体系的重中之重；首次提出“印度洋—亚洲—太平洋”的概念，突出在该区域的作战优势。尤其值得一提的是，新版海上战略聚焦濒海地区联合作战，关注传统安全威胁，明确将中国、俄罗斯、伊朗和朝鲜列为挑战对手。

《网络空间战略》——2015 年 4 月 23 日，美国国防部发布了新的《网络空间战略》，以替换于 2011 年发布的《网络空间行动战略》。新的网络战略明显体现了“以战止战”“先发制人”的思想，明确提出要强化网络威慑力量的建设，以及在何种情况下可以使用网络武器来对付网络攻击者。并且，《网络空间战略》列出了中国、俄罗斯、伊朗、朝鲜等其自认为威胁最大的国家。美国这一战略势必加剧网络空间军备竞赛，增加网络战争爆发的可能性，给

① 王闯：《美国发布网络新战略，中国如何应对?》，《中国电子报》2015 年 5 月 8 日。

网络空间安全带来更多不安定因素。

三、开展国际合作存在的问题及对策建议

（一）网络空间国际仲裁第三方独立机构缺位

网络空间已经成为影响国家安全、社会稳定、经济发展和文化传播的全新生存空间，形式多样的网络犯罪滋长蔓延，互联网恐怖主义日益猖獗，对网络空间治理提出了新的挑战。深化国际合作、打击网络犯罪、维护国际网络空间安全已成为世界各国人民共同关切的议题。然而由于目前缺乏一个专业、独立的第三方国际仲裁机构，针对国际层面网络空间治理的许多重要问题无法进行合理裁定，严重影响网络空间国际犯罪打击和惩处力度，成为深度开展国际合作的阻碍，迫切需要在国际机构设置层面予以重视和解决。

（二）网络空间国际规则立法过程中形成两大对峙阵营

伴随网络空间国际战略竞争加剧，各国围绕网络空间发展权、主导权和控制权展开的角逐日益激烈，这在网络空间国际规则立法过程中体现得尤为突出。国际规则是网络空间国际秩序的共同需要，但由于国家在意识形态、价值观以及现实国家利益等方面的差异乃至对立，当前网络空间国际法规则博弈呈现出两大阵营对峙的局面。以英美为代表的西方阵营考虑其现有国际法规则主导优势，主张不以条约形式为网络空间专门制定新的规则；中俄等国则对网络空间的国际法问题日益重视，支持推动网络空间规则立法国际合作，形成两大阵营对峙的局面。随着网络空间规则博弈的深入推进，各国在有关问题上的分歧和斗争还有可能加剧。

（三）我国网络空间核心竞争力有待进一步提升

当前，网络空间领域国际竞争日益激烈，在这场综合性竞争中，核心技术竞争力是关键。欧美发达国家网络空间核心技术研发起步早、研发及应用成果丰富，创新能力强，在相关规则的制定上一直占有较高的话语权，有利于维护本国权益。我国在高性能计算与存储、移动通信、量子通信、核心芯片、操作系统、安全防护系统等研发和应用方面与国际发达国家相比还存在一定的差距，政策支持和研发投入也需要进一步加强，部分国内企业缺乏拥

有自主知识产权的核心技术，难以形成产业持续发展力，对提升我国网络空间竞争力和综合国力，建设网络强国形成阻碍。

四、对策建议

（一）以共同治理为前提，强化联合国在网络空间国际立法中的地位

“法者，天下之公器”。网络空间的国际治理应由各国政府共同平等参与。一些国家关起门来小圈子制定规则、然后让其他国家被动接受的做法是行不通的。习近平主席最近在联合国日内瓦总部的演讲中指出，“世界命运应该由各国共同掌握，国际规则应该由各国共同书写，全球事务应该由各国共同治理，发展成果应该由各国共同分享。”真正要制定公正合理的网络空间国际规则，应通过联合国这一最具权威性和普遍性的多边平台。联合国在协调成员国推进国际立法方面具有丰富经验，是网络空间国际立法的最佳场所。联合国一些阶段性工作成果得到国际社会广泛认同，为进一步开展国际立法奠定了坚实基础。

（二）强化国际协作，在国际会议和活动中推进网络空间国际规则制定相关工作

习近平总书记曾强调要加快提升我国对网络空间的国际话语权和规则制定权，朝着建设网络强国目标不懈努力。我国政府和各个机构应积极参与网络空间国际治理体系的构建，针对相关议题积极开展预先研究，发布先进成果，引导推进相关政策的制定，从国际层面提升规则的竞争力和话语权。同时围绕网络空间体系建设实际需求，进一步强化区域性交流合作机制，实现以区域组织、团体的名义推进网络空间国际规则制定工作，提升我国在其中的引导力和话语权，为全面维护网络空间国际秩序贡献积极力量。

（三）打铁还需自身硬，提升我国核心科研技术创新能力是关键

习近平总书记曾指出，网络信息技术是全球研发投入最集中、创新最活跃、应用最广泛、辐射带动作用最大的技术创新领域，是全球技术创新的竞争高地。因此要持续推进核心技术攻关，加强关键信息基础设施安全保障，完善网络治理体系建设。要紧紧牵住核心技术自主创新这个“牛鼻子”，抓紧

突破网络发展的前沿技术和具有国际竞争力的关键核心技术，进一步强化政策、资金、人力等方面支持，打好核心技术研发攻坚战，推进我国网络空间防御体系建设，全面提升我国经济和国防综合实力，提高我国在国际上的话语权。

第三节　无线电管理大数据应用①

当前，全球正迎来新一代信息技术革命浪潮，数据已成为新的基础性国家战略资源。对于行业管理来说，大数据分析能够揭示传统技术方式难以发现的关联关系，对于提升政府治理能力，实现基于数据的科学决策具有不可估量的重要作用，可以有效提高政府工作的精准性、高效性和预见性。一方面，我们面临越来越复杂的电磁环境，传统无线电监测及处理手段难以应对新形势下无线电管理的新需求。另一方面，大变革时代，无线电管理工作面临精细化、智能化转变的内在需求。掌握目前可以获得的数据类型及规模，通过现有大数据在无线电管理工作中的实际应用，研究无线电管理工作需要通过大数据技术解决的问题，探讨未来大数据在无线电管理中可能发挥的作用，对实现无线电管理工作的精细化、智能化意义重大。

一、大数据的应用现状及数据类型分析

（一）大数据技术的行业应用

目前除了电子信息技术领域，大数据的应用范围已广泛渗透到制造行业、电力行业、零售业、公共交通、医疗和政府决策等各传统领域。

1. 信息工业领域

在信息工业领域，典型的是搜索引擎、电子商务和社交网络。典型的是合称“BAT”的百度、阿里巴巴和腾讯。互联网技术的发展，导致网络信息

① 滕学强、孙美玉：《大数据时代：无线电安全保障踏上新征程》，《上海信息化》2017 年 8 月 10 日。

量的爆炸式增长，搜索引擎通过收集大量的信息，并将相互之间进行关联，加速用户的搜索速度，搜索者仅凭关键词便可迅速得到所需要的信息。电子商务的快速发展，使得每天有大量的交易产生。电商通过对用户的搜索记录、消费记录、个人信息等进行分析，针对性地了解用户需求，为用户进行针对性的推荐。商家也可以通过了解消费者的需求，合理优化自己的库存和销售策略。社交网络的快速发展，使得人与人之间的交互很多是通过网络来实现，大量的文字、语音、视频、电子邮件等消息组成了社交网络的大数据库，分析这些数据，可以为人们提供多种应用，比如商品推荐、资源分享、在线教育等。

2. 制造业领域

大数据在产品的研发、生产和销售上都进行了变革。产品的研发方面，不断提取分析用户与制造商之间的交易数据，通过深度分析，了解并预测用户对于产品的需求，不断革新。在生产上，基于大数据，通过仿真优化产品生产过程，提高产品质量。销售上，挖掘分析销售链的所有数据，不断优化供给侧结构，提供更加便捷有效的供应链。一个典型的企业是海尔，通过大数据分析，不断进行产品的创新，提高生产质量，也保证了产品的敏捷响应。据相关机构预测，应用大数据技术后，制造业平均的产品开发、组装成本将下降50%以上。

3. 航空及能源领域

航空公司利用大数据分析，挖掘用户走向，为客户进行针对性的消费引导和制定相关的服务。通过分析所有用户的个人信息、航线航班，及时预测乘客的动向，有针对性地做出营销策略和广告宣传，合理安排航班航线，对航班安排进行调整。能源工业领域，将大数据融入现有的能源分布系统中，构建智能电网。分析用户的用电数据，可以了解每个区域的用电量、用电频率、电路损坏频率等信息，可以及时地掌握各地的用电状况并合理进行电力布局。此外还可以利用太阳能、风能等能源进行因地制宜的分配。

4. 金融领域

金融行业具有信息化程度高、数据质量好、数据维度好等特点，因此大数据的获取、处理以及应用等方面都较其他行业相比取得了较好的成绩。比较显著的是银行的信用卡、保险以及证券类企业。金融行业大数据的应用体现在多个方面，在公司人员架构的组成、客户投资的偏好等方面都可为企业提出参考指导。通过分析大量的电商交易数据，包括商品交易量、交易价格、用户的购买力等，对用户的需求、产品的变革、行业的变化等，预测行业的发展方向和企业的发展走势。利用分析结果结合固定的投资模型，指导投资者进行合理的投资。

5. 消费领域

在消费领域，大数据主要集中在用户、市场、产品、供应链以及运营五个方面。在用户方面，通过获取大量的用户消费数据，实现用户的洞察，将用户进行细分，增强不同用户之间的体验。通过分析数据，实现精准营销，根据市场消费规律，进行销售分析，迅速进行市场响应。在产品方面，要根据消费市场的消费数据，根据用户需求，进行产品分析和创新。合理规划供应链，布局仓储管理，提高供应链的效率。运营上采取数据化管理，做好核心数据分析。全球零售业巨头沃尔玛就通过使用大数据取得了多项显著的销售成果。

6. 公共交通

公共交通治理方面，随着汽车的逐渐普及，车与路，车与环境之间的矛盾日趋加剧，交通堵塞、事故增多、能源浪费和环境污染等问题日益恶化，需要通过对历史以及现有的车辆情况、路况情况、司机驾驶习惯等方面的数据进行分析，制定更为优化的解决方案，使车辆行驶在最佳路径上，缩小行车时间、节省燃料、减少环境污染，提高路网通行能力和服务质量。根据大量的交通摄像数据、信号灯数据、天气数据和通过对以往的成功处置方案“学习”得到的数据，应用大数据分析提出缓解交通拥堵的解决方案并且及时解决突发的交通事故。

7. 医疗卫生领域

大数据在医疗领域有众多的应用，一是可以分析电子病历，能够及时了解患者的情况，减少复查，为患者降低医疗成本。二是对医疗器械使用情况统计分析：可以对比各医疗器械的使用情况、使用效果以及并发症的发生率，能够有效指导医生对于医疗器械的使用。三是对治疗方法的统计分析：对相应的病症采取的不同的治疗方法进行统计分析，可以比较各种方法的优缺点，对病人有针对性地采取治疗方法，提高治疗的成功率。四是对药物的使用分析：现在药物种类很多，分析同药物使用的效果，对比药物对病症的治疗程度，可以做到对症下药。五是医院之间数据共享：医院之间可以将不涉及患者隐私的就诊病例共享，使患者即使在不同的医院就诊，也能够避免重复的检查，有效地提高看病的速度。六是公共健康卫生：医院所用的数据量很庞大，医疗结构可以结合各医院的数据，对一些疾病做出预测，尤其是对于一些季节性疾病，可以有效地做好预防工作。此外，在远程病人监控、医药的定价计划、个性化治疗等方面也能利用大数据来获得较好的效果。

8. 政府公共服务领域

对政府部门来说，大数据将提升社会治理和电子政务的效率。大数据的共享将有效地打开各级政府之间、政府与民众之间的边界，削弱信息孤岛现象，提高信息共享，提高政府的办公效率，提升政府的公信力。利用大数据，一是政府能够完善电子公共服务体系：逐步实现多层次、立体化、全方位的公共服务体系，加强信息透明度，实现网上实时办事，及时反馈信息等服务功能。二是能够完善公共服务平台：政府的使用将加大大数据技术的资金支持，从而在技术和应用上促进大数据产业发展，使公共服务更加完善。三是能够改变政府的管理模式：能够有效解决各级各地政府机构之间的信息闭塞，有效削减信息孤岛，提升政府的办事效率。四是能够整合信息资源：将各个部门所收集的信息进行分析比对，可以发现监管漏洞，提高执法水平，以达到有效监管的目的。五是能够提高决策效率：掌握各个部门的数据，能够提高政府决策的精准性和科学性，提高政府的决策效率和应急能力。

此外，大数据还在军事、人工智能、交通、教育等领域也有着重要的应用，促进各领域的快速健康发展。

（二）无线电管理应用大数据技术的现状

由于涉及信息安全、重大活动安保及应急处突，无线电安全保障工作是无线电管理工作中利用大数据技术最为迫切的部分。当前，无线电安全保障领域应用大数据的主要是一些地方的打击伪基站工作。随着小牛奔奔公司的互联网+大数据伪基站预警和监管平台的逐步完善，目前已经与山东、山西、四川、黑龙江等十几个省市合作建立伪基站监管平台。此外，在一些重大活动中使用过大数据技术。

大数据应用于无线电安全保障工作需要至少满足三方面的条件，一是有重点业务的需求，二是能够大幅度提升管理工作效率的大数据产品的供给。三是政策上允许，至少是不阻止对于大数据的采集处理和应用。打击伪基站工作就是满足了这几个条件。

但近年来，无线电安全保障工作面临的重点任务不是一成不变的，而是不断发展变化的。目前无线电安全保障工作重点，一是重大活动的无线电保障工作；二是一些重要无线电业务的保障（防“法轮功”插播的广播电视台站保护，航空、铁路等专用频率保护等）；三是专项无线电安全业务、执法活动（打击黑广播、伪基站）。在2000年以前重大活动无线电安全保障几乎是空白，现在已经变成安全保障非常重要的一部分。原来不特别重视的无人机监管，随着这一两年无人机应用开始普及，无人机的安全日益受到重视。

无线电安全保障每过几年就会出一些新的任务，难以准确地预测未来什么业务会成为新的工作重点，也难以准确预测下一个驱动大数据应用的重点业务。但理论上来说，需要大量数据支撑的业务都是有可能应用大数据产品的领域。例如，干扰查处、电磁环境测试、频率指配等方面。利用大数据在航空频段保护性监测中判断是否是调频广播频段或者其他有害发射对航空频率产生影响；广播电视频段，主要适时发现新出现的不明电视信号，并加以分析，判断是否是非法信号；公网频段主要是掌握公众移动基站、铁路通信等合法台站的使用情况；黑广播、卫星干扰器等非法设台的监测、分析、定位。

（三）无线电管理大数据的类型分析

无线电管理工作中会产生非常多的数据，也需要对非常多的数据进行分析，辅助进行科学决策。这些数据包括无线电管理行业内部产生的数据，例如业务类数据（频率、台站、设备检测数据等）、管理辅助类数（人力、物力、财力等），也包括监管的无线电产品产生的大量有用数据，例如一些通信终端数据、传感器数据、地理信息数据、EMC基础数据等。

从数据规模上看，通过对国家监测中心数据中心的调研，了解到2016年频谱评估专项行动收集上来的数据规模约为30个T，是目前无线电管理工作中的核心数据基础。

从数据类型看，我们认为，无线电管理工作可以利用的大数据类型包含监测数据、台站数据库、频率数据库、检测数据库、无线电执法数据、地理信息数据、人口数据等。其中，无线电监测数据是主体数据。

二、无线电管理工作大数据应用案例分析

（一）互联网＋大数据应用

1. 应用案例一：伪基站预警和监管

（1）应用场景描述

“伪基站”即假基站，设备一般由主机和笔记本电脑或手机组成，通过短信群发器、短信发信机等相关设备能够搜取以其为中心、一定半径范围内的手机卡信息，利用2G移动通信的缺陷，通过伪装成运营商的基站，冒用他人手机号码强行向用户手机发送诈骗、广告推销等短信息。2014年以来，中央宣传部、中央网信办、最高法、最高检、公安部、工信部、安全部、工商总局、质检总局等9部门在全国范围内部署开展打击整治专项行动，严打非法生产、销售和使用“伪基站”设备的违法犯罪活动。但是伪基站有很强流动性，可在汽车上使用，也可暂时放在一个地方使用，设备成本很低，因此伪基站查处比较困难，及时定位很难。总体来说当前互联网＋大数据监管伪基站面临两个问题，一是伪基站的覆盖范围小，存在时间短，查处很困难；二是固定的伪基站越来越少，移动伪基站更不容易跟踪。

（2）大数据的应用方式

互联网＋大数据伪基站预警和监管的具体原理是从监管手机上收集监管数据（目前每天处理的毛数据几百万条），存储上传到云平台上，运用大数据技术进行分析处理，得出的大数据定位及态势图等展示在用户终端上。这些结果可以实时展示也可以查询历史数据。由于需要多个手机终端同时反映数据才能实现定位，因此具体的定位精度在500米以内。由于目前绝大多数的伪基站已经是移动伪基站，因此抓捕伪基站通常还需要出动携带设备的专门车辆在锁定范围内具体定位跟踪。目前已经有大约15个省份在使用这套系统。

2. 应用案例二：黑广播查处

（1）应用场景描述

黑广播是指“未经广播电视管理部门和无线电管理机构批准、擅自设置并利用广播频率向社会进行播音宣传的广播电台”，也即非法广播电台。其产生的带外杂散信号会严重地干扰航空电波秩序，造成飞机安全隐患，后果严重。黑广播使用频率宽泛，大多在88—108MHz。黑广播的播放时间一般固定在每天同一时间段，多在20：30至次日6：00，有较强规律性。黑广播大多循环播放，甚至达到24小时全天候播放。近年来，黑广播出现的地区较广，包括发达及不发达地区，另外，其发射覆盖面积较大，发射功率达1000W。而黑广播的设备是“三无”产品，未经无线电发射设备型号核准。

2014年3月以来，私人非法架设的“黑广播”在全国范围内大量出现，对航空安全造成极大威胁。目前存在的主要问题一是出现一些微功率的黑广播，很难监测到；二是不同监测站数据格式不同，连接方式不同，监测设备性能各异，统一处理很困难。

（2）大数据的应用方式

目前小牛奔奔在广东江门作了针对黑广播监管的实验网，辖区内布设了十几个传感器实时侦测黑广播的情况。建立了大数据监管平台。平台构成包括发射源的管理、频谱资源管理、电波秩序管理（伪基站、黑广播等）、监测网能力的评估以及虚拟台站的仿真处理。发射源的管理是对台站的精细管理，包括电磁兼容分析、电磁辐射的评估、频谱资源管理包括频谱使用率、同频覆盖的情况等。监测网能力的评估比如对于黑广播和无人机的监测覆盖能力有多大。

针对黑广播，小牛奔奔计划2017年和一些省份在手机上开发对黑广播的监管，目前做的是软平台，以后将会向硬平台发展，当然目前针对黑广播监管还不是完全的互联网+大数据的模式。

（二）频谱评估大数据的开发应用

近年来，各级无线电管理部门在重大活动、打击黑广播、干扰查处中多次使用到频谱评估的大数据。2016年频谱评估专项行动收集来的数据体量约为30个T。一是在协助G20保障、上合组织会议、一带一路峰会、朱日和阅兵等活动中均使用了频谱评估大数据协助分析；二是在多个省打击黑广播活动中使用频谱评估大数据；三是在查找无线电干扰过程中应用频谱评估大数据。例如，在陕西马拉松比赛时深圳远翰公司使用了评估大数据查找无线电干扰源。贵州利用频谱评估移动监测大数据，通过大数据分析查找卫星干扰源。

应用案例：贵州利用频谱评估大数据查找卫星干扰源

（1）应用场景描述

目前，无线电管理机构大多实现了对全省县级及以上行政区域以及无线电保护重点区域的监测覆盖，但宽频、微功率信号的不断涌现，使得频率资源复用日益广泛，随着经济社会不断发展，基础设施建设的增加，城市建筑越来越密集，高层建筑逐渐增多，使得无线电信号传播的反复折射和反射，导致颠簸传播多径衰落和非视距现象显著，传统固定监测和移动监测面临诸多挑战。

2017年8月贵州无管局接到通知，协助排查美国联邦通信委员会（简称FCC）国际局关于美国国家航空航天局土壤湿度主被动探测卫星的干扰。贵州无管局组织技术人员及执法人员分别使用辖区内的固定站进行24小时监测，却未发现信号占用。同时，各辖区也前往FCC申诉的干扰源位置进行监测，但未找到可疑信号。由于地形复杂，给干扰查找工作带来极大困难，排查工作无法继续。

经分析，此次卫星干扰很可能是带宽较弱信号或方向性信号引起的，使用传统固定站监测手段很难发现。而且FCC所申诉干扰位置也存在一定误差，对定位查找带来困难。

（2）大数据的应用方式

贵州无线电管理局利用全省频谱评估移动监测数据，通过大数据分析，绘制出了受干扰频段范围内的频谱地图，按照地图给出的位置发现干扰源。黔西南州干扰源距离FCC提供的位置16公里，距离频谱地图给出的定位100米。遵义市干扰源距FCC提供位置88公里，距地图给出位置仅52米。

频谱评估采集数据在空域、频域和时域上具有测试密度大、覆盖范围广，覆盖频段范围广，测试时间全覆盖的优点。对频谱评估数据进行分析处理，利用电磁传播模型，绘制制定频段或单频点的频谱地图，展示任一业务频段、单频点或多频点的频谱覆盖态势。通过大数据技术得到的频谱地图可以直观、动态显示电磁环境变化，从而进行信号覆盖分析和定位。

贵州省无线电管理局充分利用频谱评估工作中移动监测采集的海量监测数据，结合大数据分析技术，在较短时间内查找到多个干扰美国卫星的信号源，排除了无线电干扰。

三、无线电管理工作对大数据应用的需求分析

从需求方面，大数据要服务于无线电管理工作，需要契合重点工作需要。这里我们总结了未来可能应用大数据的一些重点业务需求：

（一）伪基站实时监管和预警

打击伪基站工作已经成为无线电安全常态化工作之一，建立起来了与多个部门的长效工作机制。2016 年全国无线电管理机构配合公安等部门查处了“伪基站”2048 起，2017 年 1 月至 4 月共查处“伪基站”案件 359 起，总体呈现下降态势。当前，“伪基站”犯罪主要出现了小型化、智能化、便携化趋势，隐蔽性更强，移动性更强。所以，依靠传统的侦测手段已难以定位和查处。目前基于互联网大数据分析的伪基站监管系统，借助大量用户手机提供的信息可以对行政区域范围内的伪基站进行快速发现、快速显示功能、统计查询功能、信息提取功能、轨迹仿真功能、实时告警功能、地图操作功能。目前“互联网 +”伪基站监管平台可以实现 5—20 分钟发现伪基站。从当前伪基站犯罪的趋势以及查处的需求来看，需要进一步缩短搜索发现和预警的时间间隔，在伪基站出现区域实时搜索、发现、分析和定位，提升定位精度，加大对伪基站的打击力度。

（二）精准打击黑广播

2014 年 3 月以来，私人非法架设的“黑广播”在全国范围内大量出现，对信息安全、航空安全造成极大威胁。2016 年全国无线电管理机构配合公安等部门查处了“黑广播”3275 起，2017 年 1 月至 4 月共查处“黑广播”案件 1235 起，其中“黑广播”干扰民航案件 43 起。整体上还是可控的状态，但形势比较严峻。当前，黑广播设备日趋智能化、小型化，出现一些微功率的黑广播，作案手段逐步集团化、专业化，作案分子反侦查意识强，给无线电

管理机构的查处工作带来不小的困难。利用频谱监测大数据可以分析黑广播信号并较精确定位，广东省在打击黑广播过程中成功利用了频谱评估大数据。利用各种现有监测网监测设备或专门传感器监测广播频段的频谱数据，结合大数据分析技术可以实现黑广播的快速搜索、分析、预警和定位。不久前在江门开展的使用黑广播专用传感器的实验，实际使用效果还有待检验。

（三）无人机监控

随着我国无人机保有量的迅速增长，无人机干扰民航及高铁的事件频发。仅4月份成都双流机场就连续发生9起无人机扰航事件，造成共计过百架航班备降、返航或延误。根据预测，我国无人机2017年出货量为97万台。目前无人机的生产、销售、使用、监管都比较混乱。无序的庞大的无人机市场难免会存在不少的危险因素，亟须建立对于无人机的有效管控。

当前，无人机管控涉及众多部门，需要形成监管合力，从制造、销售到使用全方位的管理，消除监管盲区。需要与厂家合作，通过协议管控的方式预装必要的控制芯片，建立统一的监管平台，实时获取无人机的位置、起飞降落、航速、航向等信息，对于接近限制飞行空域、时间的无人机及时执行空域管理。对于无线电静默和恶意干扰的无人机需要实施无线电侦测、定位或压制。销售环节应对于无人机进行实名登记，对不同类型的无人机实施权限管理。这些海量信息的处理都可以通过大数据技术实现实时高效分析处理。

（四）重大活动无线电安全保障

重大活动保障已经成为无线电安全保障工作非常重要的一部分。比如，十九大、“一带一路”高峰论坛、重要体育赛事、专业考试保障等。其中考试保障活动较多，基本每2周就有一次各类专业考试的保障工作。一些重大国际活动需要为外国政要和国际组织、公安、电视台等单位指配大量临时用频，保障活动开展的安全保卫、指挥调度、新闻采访、卫星传输等多项无线电业务用频需求。还要开展对短波、卫星、超短波等频段的保护性监测，排查干扰隐患，查处干扰投诉，做好重点区域伪基站和无人机管控工作等。这些安全工作包括大量实时数据的处理，现有的处理方式占用大量的人力和精力。引入大数据技术有助于处理大量复杂的数据，从而实现科学高效的决策。

四、无线电管理工作应用大数据面临的主要问题

（一）大数据标准规范相对滞后

无线电管理大数据主要集中在无线电管理过程中产生的数据，即工作中产生和利用的数据，包括业务类数据（频率、台站、监测、设备检测数据等）、管理辅助类数据（人力、物力、财力等），但一些行业/行业外分析数据、地理信息数据、EMC 基础数据等，也都应算作无线电管理大数据范畴之中。聚焦在无线电安全保障工作中，无线电监测数据是主体数据。无线电管理内部产生的数据虽然规模较大，但数据质量尚待提升，虽然国家无线电监测中心制定发布了《无线电监测网传输协议（RMTP）规范》《超短波频段占用度测试技术规范》等标准，也陆续出台了《卫星频段监测数据库结构技术规范》《超短波监测管理服务接口规范》等多项监测类标准。但由于无线电监测设备品牌、型号繁多，不同厂商标准存在较大差异，造成产生的测试数据标准不同，融合利用存在较大障碍。数据的搜集和存储规范还有待完善。

（二）数据安全制度尚未建立

在大数据时代，随着各国政府对电子政务工程的推动，来自政府各部门的政务数据呈现爆炸性增长，与此同时，数据本身安全和使用安全成为政府数据开放领域的焦点话题。在开放的政府数据中，部分数据涉及国家秘密、个人隐私和商业秘密，这些敏感数据一旦开放将会危及国家安全、公共安全和经济安全。因此，在政府数据开放前进行风险评估，按照数据的重要性和敏感程度分级分类进行安全审查，使得开放的数据不得对国家安全造成威胁，也不会违反保密协议或其他承诺十分必要。无线电管理大数据的开放和应用也将面临同样的问题，否则即使已经有海量的无线电监测数据存在，但因为缺乏明确的密级分类，将导致大数据技术在无线电安保工作中的实践难以顺利开展。

（三）缺乏由管理部门业务牵引的规模范例

通过调研发现，目前地方无线电管理部门（尤其是地理位置相对偏远的新疆、四川阿坝和辽宁丹东等典型边境界地区）、部门支撑单位无线电管理领

域已有的应用还不能完全称之为大数据应用，尽管涉及的数据体量较大，但是在数据收集和挖掘阶段并没有采用大数据技术。以频谱效率评估工作为例，各地方无线电管理机构普遍认为是近几年来无线电管理工作与大数据结合相对紧密的工作，根据调研结果，2016 年数据体量约为 30 个 T（固定 3 天的数据），要是按照一年的量，如果保守估计的话，一年估计可以实现 300—400T 的数据量。但在数据精细采集、存储及深度挖掘方面并没有采用大数据处理相关技术，需要管理部门通过具体业务应用牵引，进一步明确场景需求，如果没有相对明确的应用数据需求，那么相关数据的来源、体量及种类，数据采集的标准格式及存储方式，数据交互要求，后期具体场景计算及模拟都会缺乏实际可操作性，就更谈不上规模化推广服务于全国无线电管理部门。

（四）大数据应用人才队伍建设需求迫切

无线电安全保障乃至整个无线电管理形成的数据具有很强的专业性，难以使用通用解决方案，必须开发专门的大数据行业应用软件来进行数据的搜集、分析和挖掘。限于当前我国大数据技术和应用的水平，开发难度较大，首要的原因就是缺乏专业人才。在地方调研中普遍发现很多省无线电管理机构人员相对较少，各种业务工作非常繁重，尤其是针对边境地区，除各种维稳工作外，还有与内地相同的考试保障，重大活动、重大节日、重大会议等无线电安全保障，对于进一步深入学习大数据技术及产品造成障碍，使得很多人员前沿知识存储不足，认识不高，迫切需要国家层面给予政策支持和技术指导。此外由于体制机制原因，某些地方无线电基础设施建设是纳入本省规划统筹考量，如果对于无线电管理人才及基础设施没有太多考量的话，针对该领域的资金、人才配置就相对较少，对后期规划及发展造成阻碍，也迫切希望国家层面给予协调推进。

五、对策建议

（一）开展大数据技术设施建设的顶层设计

做好技术设施建设顶层设计是超前谋划和主动应对急速增长的海量科学数据应用的必要条件，是更有效产生和应用大数据的基础。国家无线电管理机构为指导单位，依托支撑机构成立专项课题组，编制大数据技术设施建设规划，明确无线电管理大数据发展总体目标及路线，明确无线电管理领域大数据采集、存储标准及规范，提出基础数据资源和重要领域信息资源建设方案。有目标、分阶段地建设无线电管理基础大数据。依托国家无线电管理机构建立基于一体化平台的无线电管理大数据中心，解决信息孤岛问题，有效打通业务应用的数据互联互通。从信息化水平较高的地方无线电管理机构开展大数据应用试点示范，并通过政府采购进行推广应用。

（二）建立基于一体化平台的无线电管理大数据中心

做好大数据中心基础设施建设的统筹规划和部署。结合空中、水上监测平台、公交监测平台等移动监测平台建设，有效拓展监测覆盖范围，完善监测大数据。大数据系统建设要与提升各地监测设备的自动化、智能化水平结合起来，避免盲目建设。整合开发以大数据为核心的无线电管理综合信息平台。以国家无线电管理机构为核心，建设大型数据存储集群，以各类业务应用系统、数据库为基础平台，通过分布于省（市、区）各级无线电管理机构的计算机网络所形成的前端节点，利用大数据技术，建设开发应用系统。自动导入和整理前端各个节点采集到的海量数据，对海量信息进行分类汇总，实现最大程度共享应用。

（三）制定无线电管理大数据安全使用制度

为落实国家信息安全等级保护制度要求，加强对涉及国家安全重要无线电管理数据的管理，在保障数据安全使用的前提下最大化大数据技术在无线电安保工作中的作用，必须加快制定无线电管理大数据安全使用制度。一是推进大数据技术和设备安全审查，加强对无线电管理大数据相关技术、设备和服务提供商的风险评估和安全管理，尽可能采用国产设备（产品）。二是对数据进行密级分类。无线电管理系统中的数据涵盖台站数据、频率数据、轨位数据等，很多内容都与国家安全密切相关，在进行数据分析时必须要注意使用的安全性，避免大数据通过非法途径被二次利用，威胁到国家的无线电安全。建议国家无线电管理机构针对具体的无线电管理数据进行分类，并且规范数据采集、传输、处理、加工各个环节数据的开放和定密问题，有利于大数据应用方案在地方无线电管理机构实际工作中的落地。

（四）以业务需求为牵引开展范例及规模化推进工作

国家无线电管理机构及支撑单位要进一步强化顶层设计，做好整体方向指导工作。一是借鉴2016年频谱资源效率评估工作的先进经验和做法，在后续工作中开展典型无线电安全保障工作大数据应用范例专项行动或者倡议。统筹各地方无线电管理机构、支撑单位和企业等各方资源，结合不同地域无线电安全保障工作实际问题和需求，定期选择1—2个具体业务应用场景开展数据采集、挖掘及应用工作，在相关环节提供政策指导和技术支持。二是开展试点示范工作的区域化推广工作，向周围地方无线电管理机构交流工作经验和模式，形成闭环工作圈。三是强化与各省无线电管理、通信、公安等相关部门的协调沟通，宣传利用大数据强化无线电安全保障工作的重要性，并积极出台相关文件倡议，提升各省对于此项工作的重视程度，为各省积极开展范例应用及推广清除一些障碍。

（五）强化无线电管理人才队伍建设

国家、地方无线电管理机构要进一步健全人才队伍建设，培养储备大数据人才。一是强化各地方无线电管理机构人员培训力度，针对大数据技术、智能化监测设备及软件平台使用等进行专项培训，增加培训人员的数量，对各偏远地区无线电管理机构的培训人数和次数给予适当倾斜。二是鼓励各地方无线电管理机构通过正常购买服务的方式与大数据、通信等企业强化合作，提升各地无线电设备的自动化、智能化水平，提升工作效率节省人力成本的同时也有利于当地无线电管理机构人员在实践中进一步提升自身工作水平。三是做好顶层设计规划，积极倡议推动各地方无线电管理大数据专业人才的交流与合作，通过互派学习、人才引进、鼓励相关支撑单位、企业、科研院所等派专家到各地方进行指导和学习交流等多种模式相结合，提升系统内部人员理论和实践水平。

政 策 篇

第五章　重点政策解析

第一节　《中华人民共和国无线电管理条例（修订）》解读[①]

《中华人民共和国无线电管理条例（修订）》（以下简称《条例》，原文见附录）以科学合理配置频谱资源，更好地维护空中电波秩序为出发点、落脚点，对无线电频率管理、无线电台站管理、无线电发射设备管理、无线电监测和电波秩序维护、法律责任等方面的制度进行了全面修订，为保障无线电管理工作的顺利进行，促进无线电事业的健康有序发展提供了强有力的法制保障。

下面从无线电频率管理方面入手，解读《条例》的重点内容。

一、清晰界定各部门在无线电频率管理方面的职责

一是明确与军队电磁频谱管理机构的分工。《条例》规定：军地建立无线电管理协调机制，共同划分无线电频率；国家无线电管理机构负责制定无线电频率划分规定，征求国务院有关部门和军队有关单位的意见。二是明确国家与省（自治区、直辖市）无线电管理机构的分工。《条例》规定：无线电频率许可由国家无线电管理机构实施；国家无线电管理机构确定范围内的无线电频率的使用许可，由省（自治区、直辖市）无线电管理机构实施。三是明确国家无线电管理机构与国务院有关部门无线电管理机构的分工。《条例》

① 部分内容来自《中华人民共和国无线电管理条例》原文，网络（http://www.gov.cn）－2017。

规定：国家无线电管理机构分配给交通运输、渔业、海洋系统（行业）使用的水上无线电专用频率，由省（自治区、直辖市）无线电管理机构会同其主管部门实施许可；分配给民航系统使用的航空无线电专用频率，由国务院民用航空主管部门实施许可。涉及广播电视的无线电管理，法律、行政法规另有规定的，依照其规定执行。

二、确立“行政＋市场”的资源分配制度

对于涉及国家安全、公共利益等无线电频率的许可，继续采用行政审批的方式予以重点保障；对于地面公众移动通信使用频率等商用无线电频率，《条例》规定可以采取招标、拍卖的方式实施许可，充分发挥市场在资源配置中的作用，实现频谱资源经济效益最大化。

采取市场配置方式与行政指配方式在审核的时间节点、审核的严厉程度等方面都存在一定区别。因此，无线电管理机构需抓紧研究市场化手段配置频谱资源面临的挑战及应对策略，结合拟拍卖的具体频谱资源以及市场需求情况，对涉及的一系列问题，包括参与频谱资源竞争者的资质和财务能力、可申请的频谱数量、业务开展的相关要求等问题予以明确，着力提升频谱资源利用的质量和效益。①

三、新增卫星无线电频率管理的相关规定

1993年《条例》出台时，我国卫星的数量很少，但随着我国航天事业的发展，各类卫星业务广泛应用，对卫星频率和轨道资源实施规范管理的需求日益迫切。鉴于此，《条例》明确了卫星无线电频率管理的相关制度，规定国际电信联盟规划给我国使用的卫星无线电频率，由国家无线电管理机构统一分配；申请使用国际电信联盟非规划的卫星无线电频率，应当通过国家无线电管理机构统一提出申请；使用其他国家、地区的卫星无线电频率开展业务的，应当遵守我国卫星无线电频率管理的规定，并完成我国申报的卫星无线电频率的协调。

① 《〈中华人民共和国无线电管理条例〉修订解读》，网络（http://www.miit.gov.cn）－2016。

四、规定频率资源回收制度

对于取得无线电频率使用许可后超过两年不使用或者使用率达不到许可证规定要求的，《条例》规定作出许可决定的无线电管理机构有权撤销无线电频率使用许可，收回无线电频率。

开展频率收回工作，对各频段频率使用情况进行研究和判断是前提。为此，一是要组织开展频谱使用评估专项活动，以公众移动通信系统、通信卫星以及卫星通信网为重点，制定方法程序和量化指标，依托现有无线电管理技术设施进行数据采集与分析，从时域、频域和空域各维度评估相关频段使用效率、经济效益等频谱使用情况。二是研究建立频谱使用评估工作制度。结合重点频段频谱使用评估工作，出台工作规范，形成可推广的频谱使用工作制度，促进频谱资源的精细化、科学化管理。

五、规范许可流程

为充分体现简政放权、放管结合、优化服务的相关要求，《条例》结合当前无线电管理的实际情况，按照《行政许可法》的要求，对业余无线电台、公众对讲机、制式无线电台使用的频率、国际安全遇险系统、固定用于航空和水上通信导航的国际间通用频率豁免权许可管理，完善许可流程，规定申请许可应具备的条件。按照《条例》的规定，要取得无线电频率使用许可，申请者应符合以下条件，包括：所申请的无线电频率符合无线电频率划分规定和使用规定，有明确具体的用途；使用频率的技术方案可行；有相应的专业技术人员；对依法使用的无线电频率不会产生有害干扰。对于申请人提出的频率使用许可申请，无线电管理机构应当自受理之日起20个工作日内审查完毕，予以许可的，颁发无线电频率使用许可证；不予许可的，要书面通知申请人并说明理由。

第二节　关于5G通信系统部分频率规划的解读

5G作为新一代信息通信技术的典型代表，具备超高可靠性、超低时延等优势，将与云计算、大数据、人工智能等技术深度融合，成为未来数据经济转型与发展的关键推动力。深化5G在工业制造、科技创新、金融及文化等行业领域应用，将实现我国制造强国、网络强国建设的新跨越。为推动5G技术发展和系统应用，2017年11月9日，工信部发布《工业和信息化部关于第五代移动通信系统使用3300—3600MHz和4800—5000MHz频段相关事宜的通知》，提出规划3300—3600MHz和4800—5000MHz频段作为5G系统的工作频段，其中，3300—3400MHz频段原则上限室内使用。这标志着我国率先在国际发布5G系统在中频段内频率使用规划。

一、出台背景

（一）5G是我国数字经济创新发展的重要条件

党的十九大报告指出，推动互联网、大数据、人工智能和实体经济深度融合，培育新增长点、形成新动能。因此需进一步强化信息基础体系建设，推动高端芯片、路由器、5G、量子通信等一系列领先技术的科技创新，加快我国数字经济发展。当前由5G等新一代信息技术催生的数字经济已经成为我国产业转型升级的重要动力，也是全球竞争力提高的关键点之一。根据相关机构统计数据，2016年我国数字经济增长率高达16.6%，GDP占比30.3%。未来我国数字经济将持续发力，5G作为数字经济发展的移动通信支撑体系之一，其技术创新发展和系统推广应用将在我国数字经济转型升级中发挥更大作用，推动我国网络强国建设和数字经济发展迈上新台阶。

（二）5G频谱规划是提升我国国际竞争力的主要举措

5G技术是实现未来宽带、高速移动、泛在覆盖的一项重要手段，是未来物联网产业的重要组成部分，在全球物联网产业的经济和战略竞争中扮演重要角色。欧、美、日、韩等国都在积极推进，加快在频谱规划方面的研究和试点工作，提前进行规划布局，提升各自竞争力。例如欧盟早在2016年11月就正式公布5G频谱战略，为促进5G2020年的系统商用奠定坚实的基础；美国在5G频谱规划方面一直处于国际领先地位，率先成为采用高频段频谱发展未来移动宽带的国家，奠定在5G领域中高频段频谱的国际话语权。我国应该及早布局5G频谱资源，在未来国际化的标准制定、技术研发、产业发展竞争中占得先机，提升5G关键技术在国际上的核心竞争力。

二、对无线电管理的影响

（一）无线电频率的核心基础作用进一步凸显

无线电频谱是5G技术创新研发和系统应用的基础资源，根据5G不同应用场景需求，6GHz以下低频资源，是实现连续广域覆盖、物联网对应的低功耗大连接、低时延高可靠场景的必要频段。6GHz以上高频，作为低频段的有效补充，主要利用大带宽实现超高速率传输，但是高频段覆盖能力弱，难以实现全网覆盖，需要与低频段混合组网。为解决无线电频谱资源这个核心需求，适应和促进IMT－2020在我国的应用和发展，工业和信息化部统筹协调各方资源，通过频谱需求预测、电磁兼容和共存技术研究分析得出的结论，2017年6月发布《公开征求对第五代国际移动通信系统（IMT－2020）使用3300—3600MHz和4800—5000MHz频段的意见》，并公开征集24.75—27.5GHz、37—42.5GHz或其他毫米波频段用于5G系统的意见。2017年7月，工业和信息化部批复4.8—5.0GHz、24.75—27.5GHz和37—42.5GHz等5G技术研发试验频段。2017年11月正式公布3300—3600MHz、4800—5000MHz频段等规划方案，为5G系统推广提供基础资源支撑，无线电频率在5G产业发展中的核心基础资源作用进一步凸显。

（二）5G产业链进一步成熟和完善

《工业和信息化部关于第五代移动通信系统使用3300—3600MHz和4800—5000MHz频段相关事宜的通知》中频段的确定对5G芯片研发、软件开发、系统集成和设备制造产业链各个环节成熟具有积极推动作用。工信部将继续在5G频谱开展工作，规划更多高、低频段，从而带动一批5G关键器件的研发和试验。目前我国正积极开展5G第二阶段的场景测试，典型场景包括移动互联网、低时延高可靠和低功耗大连接三种，考虑到中国的LTE演进和5G新空口目标，规划频段的确定对于5G新空口的基站设备、核心网设备、芯片终端以及操作产品开发和应用等各个环节提供了技术标准，将带动一系列产业链上的企业受益，如通信设备企业、弹性品种企业（小站+物联网相关企业、芯片&模块企业、基站天线企业等）、射频器件企业等，对于推进5G产业链的进一步成熟和完善起到了先导作用。

（三）助推5G创新能力国际开放合作

我国属于国际5G竞争中的第一阵营，频谱资源合理规划大大提升了我国竞争力和话语权，有利于我国在5G产业布局、国际频谱协调等方面起到引领作用，有利于强化5G标准及应用的国际合作。引导和实现统一标准是5G国际化发展和漫游的前提。根据相关统计，我国5G价值链在2030年将达到约1万亿美元，是全球总量的1/3，在全球5G产业推进中的作用举足轻重。开放是共赢的前提，中国政府、相关企业只有深化国际合作与交流，助力推动5G核心技术标准的国际化统一，才能更好推动本国技术、设备、市场的扩展，形成5G产业规模效应。以上规划的发布对于进一步引导5G产业链技术标准的制定，助力5G芯片技术、应用技术、网络建设、产业链等方面的全球化发展意义重大，有助于实现5G创新能力国际开放合作的新格局。

第六章　政策环境分析

第一节　两部委推进实施“深入推进提速降费、促进实体经济发展2017专项行动”

2017年5月16日，工业和信息化部、国务院国有资产监督管理委员会发布了《关于实施深入推进提速降费、促进实体经济发展2017专项行动的意见》（以下简称《意见》，原文见附件）。两部委从加大电信基础设施投入、深挖宽带网络降费潜力、鼓励宽带应用融合创新、优化提速降费政策环境等四方面提出17条具体意见，旨在加快建成覆盖全国的高速畅通、质优价廉、服务便捷的宽带网络基础设施和服务体系，进一步推动“互联网+”深入发展、促进数字经济加快成长，不断夯实宽带网络在我国经济社会发展中的战略性公共基础设施地位。

一、4G在宽带网络部署中将发挥更大作用

《意见》明确指出，扩大4G网络覆盖广度和深度，进一步消除覆盖盲点。从2013年4G元年到2016年，我国4G在3年多的时间里实现了跨越式发展。根据工业和信息化部发布的《2016年通信运营业统计公报》，2016年，我国4G用户数全年新增3.4亿户，总数达到7.7亿户，在移动电话用户中的渗透率达到58.2%，而上年同期这一数字仅为29.6%。在数据流量承载方面，根据中国移动2016年6月发布的信息显示，4G在整个网络上的流量占比已经达到了86%。不管用户数量，还是数据流量承载方面，都呈现出2G/3G网络业务量向4G加速迁移的明显趋势。随着《意见》的

出台，在“宽带中国”战略深入实施和提速降费工作进一步推进进程中，4G网络部署的力度将持续加大，其在宽带网络尤其是无线宽带网络中的作用和地位也将更加突出。

二、5G研发全面进入“下半场”

《意见》明确指出，继续开展5G技术研发第二阶段试验。据全球移动通信协会（GSMA）预测，到2020年，5G将推动全球移动业务增长至4.2万亿美元。当前，国际标准化组织、运营商以及设备商，都在加速5G标准化和商用化进程。2013年前后，中、美、欧、日、韩等国开始陆续启动5G研发，以公认的5G商用元年2020年为节点，可以说5G研发已进入到“下半场”阶段。根据我国制定的5G网络商用路线图，我国5G基础研发测试将在2016年到2018年进行。2016年，我国已按照预定计划，完成了第一阶段的5G关键技术试验，第一阶段试验充分验证了5G关键技术在支持Gbps用户体验速率、毫秒级端到端时延、每平方公里百万连接等多样化5G场景需求的技术可行性，进一步增强了业界推动5G技术创新发展的信心。2017年，我国5G测试将重点开展面向移动互联网、低时延高可靠和低功耗大连接三大5G典型场景的无线空口和网络技术方案试验。同时，我国将在5G频率规划、5G产业布局以及围绕应用创新做大做强5G生态体系等方面协同发力，力争抢占5G时代移动通信产业竞争制高点。

三、移动转售业务有望正式商用

《意见》明确指出，适时出台移动转售业务正式商用意见，加快移动转售市场发展。2017年是移动转售业务试点的第四个年头，从三年多以来的试点情况看，试点预期目标基本达成，一批各具特色的民营企业进入了基础电信市场，促进了行业的创新和发展。截至目前，42家民营企业累积发展移动转售用户超过4000万户，吸引民间投资超过30亿元，间接经济贡献93亿元。政府主管部门在移动转售试点期间一直采取有效措施支持虚拟运营电信行业的健康发展，如通过不断追加码号资源分配，让资源紧张局面得到缓解；通过编制面向未来的移动通信网号规划，满足未来业务发展需求。此外，基础电信运营商也在不断完善与转售企业的对接工作机制，逐步扩大试点开放的本地网范围，主动根据市场零售价变化调整批发价格结算办法。此次《意见》的发布，为我国移动转售行业的持续健康发展注入了一针“强心剂”，移动转售业务有望正式商用。

四、蜂窝物联网商用化进程将进一步加速

《意见》明确指出，扩大低时延、高可靠、广覆盖的蜂窝物联网部署规模，加快窄带物联网（NB－IoT）商用进程。基于现有蜂窝网络的物联网技术已经成为万物互联的重要分支，其中 NB－IoT 与现有的 2G/3G/4G 蜂窝移动通信技术以及 Wi-Fi、蓝牙等短距离无线通信技术相比，具有更广泛的网络覆盖、更多的可接入连接数量、更低的终端功耗以及更低的部署成本等优势，能够更好地满足专用行业、公共服务、个人和家庭等领域的应用，例如水电燃气系统的智能抄表，市政路灯和垃圾桶智能管理，智慧农牧业以及水、大气和土壤的环境监测。2017 年，中国移动、中国电信和中国联通三大运营商都将 NB－IoT 的部署作为年度重要工作之一：目前中国电信已建成全球首个全覆盖的物联网（NB－IoT）网络；中国联通 NB－IoT 网络试商用启动；中国移动率先在江西鹰潭部署全国范围内的第一张 NB－IoT 网络。随着《意见》的出台，三大运营商将进一步加大蜂窝物联网部署的力度，而蜂窝物联网也会不断拓展在工业互联网、车联网、城市公共服务等领域应用的广度和深度。

第二节　工业和信息化部全面推进移动物联网（NB－IoT）建设发展[①]

为进一步夯实物联网应用基础设施，推进 NB－IoT 网络部署和拓展行业

① 部分内容来自《顶层设计助力 NB－IoT 发展》，赛迪智库滕学强－《通信产业报》－2017－11－20。

应用，加快NB-IoT的创新和发展，工业和信息化部发布了《工业和信息化部办公厅关于全面推进移动物联网（NB-IoT）建设发展的通知》（以下简称《通知》，原文见附件）的专项政策，通知提出了加快技术与标准研究、推广细分领域应用和优化政策环境的14项措施。该政策的出台表明我国在低功耗广域物联网的发展上将大力推动和发展NB-IoT网络，是我国在物联网产业发展上的重大专项顶层设计。

一、出台背景

NB-IoT是国际电信标准化机构“全球第三代合作伙伴计划（3GPP）”通过的低功耗广域物联网（LPWAN）技术标准。LPWAN是专为低带宽、低功耗、远距离、大量连接的物联网应用而设计。在物联网的三大类应用场景中，低功耗广域物联网的市场规模最为庞大，有望覆盖物联网联接的60%以上，因而一向受到各国的高度重视。

NB-IoT并不是LPWAN唯一的国际技术标准。总体来看，LPWAN技术可分为两类：一类是工作于免授权频段的LoRa、SigFox等技术；另一类是工作于授权频谱下，3GPP支持的2G/3G/4G蜂窝通信技术，比如NB-IoT、LTE Cat-m等。NB-IoT是基于4G蜂窝网络的窄带物联网技术。与最大的竞争对手LoRa相比，NB-IoT在安全性、建网成本、覆盖范围、漫游、产业支撑等方面更有优势。

NB-IoT技术标准是由我国华为公司提出，后融合协调了高通、爱立信等多家公司的解决方案的基础上最终形成的。3GPP组织2016年6月宣布完成协议的冻结，2017年开始商用。

移动物联网是在2017年6月12日江西鹰潭移动物联网产业园开园和移动物联网产业联盟成立时正式在业内提出的概念，目的是发展基于NB-IoT技术的移动物联网产业。《通知》沿用了这一概念。

二、对无线电管理的影响

（一）频谱资源在国民经济中的地位进一步凸显

频谱资源同土地、水等自然资源一样是一种物质性资源，同时它也是一种有限的自然资源。随着广播、电视、卫星、手机等大量无线电产品的广泛应用，频谱资源的价值已经体现在国民经济和日常生活的方方面面，成为信息经济社会不可或缺的基础性资源，并且随着信息经济的发展，频谱资源的价值和地位在不断提升。国家无线电“十三五”规划明确提出，频谱资源是重要的国家战略性资源。《通知》在政策环境的第一条就提出“合理配置 NB－IoT 工作频率”，表明频率及频率管理在移动物联网发展中起着至关重要的基础性作用。随着 5G 的发展应用，人类社会将彻底进入物联网时代，频谱资源的作用和地位必将进一步凸显。

（二）频率配置是推动 NB－IoT 标准和技术研发的重要基础

频谱配置是所有无线电技术产品和产业发展前提和基础，是制定技术和行业标准的重要组成部分。《通知》的第一条提出“结合国内 NB－IoT 网络部署规划、应用策略和行业需求，加快完成国内 NB－IoT 设备、模组等技术要求和测试方法标准制定。加强 NB－IoT 增强和演进技术研究，与 5G 海量物联网技术有序衔接，保障 NB－IoT 持续演进”。相应的政策环境第一条明确“统筹考虑 3G、4G 及未来 5G 网络需求，面向基于 NB－IoT 的业务场景需求，合理配置 NB－IoT 系统工作频段”。频率的配置直接体现国家在产业规模化发展方面的思路，确定了用频及要求，可以首先为产品技术的研发奠定基础，为国家构建规模化基础设施建设提供政策保障。与 5G 海量物联网技术有序衔接、保障 NB－IoT 持续演进都需要开展频谱资源的精细研究与规划配置。

（三）明确 NB－IoT 是我国低功耗广域物联网发展的主要方向

低功耗广域物联网是当前物联网最主要的市场。为占领这一产业的制高点，大量龙头企业、研究机构涌入这一领域，纷纷建立行业协会和联盟等平台，希望推动自身相关的技术协议成为国际标准，从而在物联网这一万亿美元级别的全球产业链中占据有利地位。但现状是无法形成统一的标准，龙头企业纷纷采用了有利于自己的技术方案，连带自身的产业链相关的上下游各自为政，增加了产业研发推广成本，降低了用户体验。NB－IoT 技术标准是由中国主导、全球形成共识的国际标准，中国在产品研发和应用推广方面走在世界前列。《通知》的出台表明 NB - IoT 是我国低功耗广域物联网发展的主要方向，有助于结束这种混乱局面，凝聚产业链各方资源，加快产品研发，加强各环节协同创新，突破模组等薄弱环节，构建贯穿 NB - IoT 产品各环节的完整产业链，促进我国物联网产业的全面发展。

热 点 篇

第七章　无线电技术与应用热点

本章对2016年无线电技术与应用热点进行梳理总结，主要包括美国为5G发展确定部分高频频段、欧盟正式公布5G频谱战略、物联网产业发展潜力持续增加、我国云计算产业进入迅速发展期、“互联网+”引领我国产业发展新趋势、我国城市轨道交通加速布局1.8GHz频段等。

第一节　我国互联网数据中心（IDC）产业发展势头强劲

2017年5月15日，中国IDC研究中心正式发布《2016—2017年中国IDC产业发展研究报告》，以下简称“年度报告”，对2016年全球和我国IDC产业发展的政策环境、市场需求和客户趋势等进行了全面梳理总结。

全球IDC市场规模扩展迅速。2016年全球IDC市场规模保持良好的增长态势，总规模达到451.9亿美元，增长速度高达17.5%，产业发展势头强劲。全球化市场竞争氛围方面，美国和欧洲仍占绝对优势，控制超过50%的全球市场份额，亚洲地区也保持良好增速，市场规模增长保持领先，中国、印度和新加坡增速分别位居亚洲第一、第二和第三位，引领作用明显。

我国IDC市场将持续扩展。年度报告显示，2016年，我国IDC市场规模发展迅速，增长率为37.8%，总规模达到714.5亿元，其中移动、电信和联通三大电信运营商和国内骨干IDC服务商是主力军。与此同时，由于我国移动互联网、电子商务、网络视频等业务扩展，用户群体规模将进一步扩展，未来三年市场规模预期可达到1900亿元左右。尤其是针对我国东部沿海经济发达地区，产业各方推动将持续加强，将助力市场规模化扩展。

IDC产业发展政策环境进一步优化。一是2016年国家加快IDC产业监督管理体系建设，工作程序进一步规范，制度建设进一步规范。二是国家“三去一降一补”政策对产业结构优化调整提出明确要求，支持技术和产品创新，推动相关企业向高新技术方向转变，提升企业竞争力。同时针对传统机械制造、纺织、材料加工等产业基础设施优化建设提出相应解决途径。三是强化IDC产业违规整理力度，相关单位开展专项整治行动，及时处理问题，保证IDC论证、建设和应用各个环节顺利实施。

第二节　中国电信率先建成首个覆盖全球的NB－IoT商用网络

窄带物联网（NB－IoT）以低成本、低功耗、广覆盖等优势在国际上具有广阔的发展前景，2016年6月，NB－IoT国际标准核心部分冻结，各国致力于推进其商用化进程。我国作为NB－IoT产业的主要发展国家之一，在政策指引、商用试点和新业态培育方面取得了一系列成果。尤其是2017年5月17日，中国电信率先建成首个覆盖全球的NB－IoT商用网络，成为国内NB－IoT发展的一个重要节点。

提早布局NB－IoT商用网试验。在3GPP NB－IoT核心标准冻结后，中国电信积极开展NB－IoT全网覆盖研究，针对无线、核心和终端侧进行互联互通实验室测试，并形成中国电信NB－IoT企业标准（V1.0），对NB－IoT性能测试、网络设施建设和商用模式推进具有积极推动作用。而后中国电信又积极推进，在广东、江苏、浙江、上海、福建等12个重点省市开展NB－IoT真实网络环境的场外测试，对整体网络性能进行实地验证，同时对网络及设备指标进行优化升级，提升网络商用能力，于2017年5月17日正式宣布全球首个覆盖最广的商用NB－IoT网络成功建设。

积极推动800MHz频段重耕。800MHz低频频段具有广覆盖、强穿透力、技术储备充足等优势，是国际组织建议部署NB－IoT的主流候选频段之一，有利于产业链的快速成熟。中国电信响应国家政策，积极开展800MHz频段商用应用的试点工作，如杭州智慧照明试点项目、深圳NB－IoT智慧水务项目、宁波电信智能水表&燃气表无线抄表试点、智能远程开锁及单车实时定位等，在 NB - IoT 网络基础设施建设、空间布局等方面积累了很好的工作经验，为加快我国窄带物联网商用进程和产业布局奠定了坚实基础。

持续助推 NB - IoT 产业发展。相关资料显示，中国电信 2017 年将设立 3 亿元的物联网专项资金，NB - IoT 关键技术突破和产业链整体发展是集团重点支持的项目之一，同时还将加大对各省针对 NB - IoT 开展的重点项目和工程支持力度。此外，中国电信将以全球覆盖最广的 NB - IoT 网络为抓手，创新业务管理和运营模式，基于实际业务发展需求，优化网络布局和承载能力投放，深化创新技术的集成应用，推动我国 NB - IoT 产业链的进一步完善，在全国形成品牌示范效应。

第三节　IMT - 2020 推进组主办的 5G 峰会在北京举行

2017 年 6 月 12 日，IMT - 2020 推进组主办的 5G 峰会在北京举行。大会以“5G 标准与产业生态”为主题，邀请工业和信息化部领导以及数十家国内外主流移动通信和相关应用单位专家 500 多人出席参加会议。IMT - 2020（5G）推进组将日后 5G 工作重点分为四个方面：标准研究、频率部署、推进商用、垂直应用，面向业界发布了《5G 网络技术测试规范》《5G 经济社会影响白皮书》和《5G 网络安全需求与架构白皮书》，并宣布成立了 C - V2X（蜂窝车联）工作组，其中《5G 经济社会影响白皮书》预计到 2030 年，5G 将带动我国直接经济产出 6. 3 万亿元，经济增加值 2. 9 万亿元，就业机会 800 万个。间接贡献方面，5G 将带动总产出 10. 6 万亿元、经济增加值 3. 6 万亿元，就业机会 1150 万个。

近年来，在推动组的努力推动下，我国 5G 部署不断加快，标准和频率部署取得实质性进展。国际移动通信标准组织 3GPP 在近日举行的专业会议上正式确认，5G 核心网将采用中国移动牵头联合 26 家公司提出的 SBA 架构（Service - Based architecture/基于服务的网络架构），作为统一的基础架构。除了标准的落地，国家在频率部署上也有了新进展。2017 年 6 月 5 日，工业和信息化部公开征求对第五代国际移动通信系统（IMT - 2020）使用 3300—3600MHz 和 4800—5000MHz 频段的意见。其中，3300—3400MHz 频段的 IMT

-2020 原则上限于室内使用，在不对在用的无线电定位业务电台产生干扰的情况下，可用于室外。

根据5G 推进组的规划，5G 正式商用大约在 2020 年，最快于 2018 年的韩国平昌冬奥会上开始大规模商用，预计 2025 年商用达到成熟期。我国要积极推进5G 产业发展，争取占据全球发展先机。

第四节　首个采用竞争性方式开展 1800MHz 无线接入系统频率使用许可试点正式启动

2017 年 11 月 9 日，新疆维吾尔自治区经济和信息化委员会发布《关于采用竞争性方式开展乌鲁木齐市 1800MHz 无线接入系统频率使用许可试点工作的公告》，标志着我国首个采用竞争性方式开展 1800MHz 无线接入系统频率使用许可试点正式启动。

落实中央政策的具体部署。2017 年 1 月，中共中央办公厅、国务院办公厅印发了《关于创新政府配置资源方式的指导意见》，其中明确指出“着力推进供给侧结构性改革，使市场在资源配置中起决定性作用和更好发挥政府作用。对无线电频率等非传统自然资源，推进市场化进程”。此次试点面向在乌市通过地面无线接入方式建设运营网络或系统的交通运输（城市轨道交通等）、能源、信息服务、公共服务等企业，主要用途为行业内部应用。

公众移动通信领域亟须探索市场化配置方案。需要指出的是，此次试点方案的频段用途主要为行业应用，并明确规定：“暂不接受从事无线电接入网络进行公众移动通信经营的企业参与竞争。”这表明此次试点范围不包括无线电频谱资源经济价值最大的公众移动通信领域。相对于行业应用，我国公众移动通信市场更为特殊，能够参与竞争的主体只有三大基础电信运营商，而其都为国有企业。对标欧、美、日、韩等国家和地区，其频谱资源市场化行为无一不是建立在电信市场充分竞争基础之上，我国不同的电信市场环境对无线电频谱资源市场化配置方案的设计、实施和执行都形成了一定的掣肘。

第五节 《云计算发展三年行动计划（2017—2019年）》发布

云计算的概念是2006年由谷歌公司提出的，经过11年的发展，私有云、商务云、政务云纷纷涌现，云计算产业在互联网、金融、通信等领域得到飞速发展。截至“十二五”末期，我国云计算产业规模已达1500亿元。2017年3月30日，工业和信息化部发布《云计算发展三年行动计划（2017—2019年）》，对我国2017—2019年云计算发展提出具体政策引导，我国云计算产业后程力量持续强势。

云计算产业规模持续扩展。根据《2016年中国云服务及云存储市场分析报告》数据统计，2016年我国云计算产业服务所占的市场高达516亿元。同时基于电商、游戏、互联网、金融和手机等相关产业领域发展趋势，预测2017年相关的市场份额将达到698亿元。报告还对2013—2016近三年云计算产业规模进行统计分析，得出每年复合增长率超过32%的结论。此外，工业和信息化部《云计算发展三年行动计划（2017—2019年）》中明确提出，到2019年我国云计算产业规模目标为4300亿元，说明我国云计算产业规模扩展势头依旧强势，具备极强的生命力。

产业链内容进一步完善和丰富。国家和各省政府层面的政策扶持力度进一步加强，例如浙江省开展10万企业云计划的“云上浙江”项目，致力于打造全国范围的云计算产业中心示范基地。企业云创新内容，产值和服务效能全面提升，例如阿里中小企业和初创企业服务云、腾讯政务云、融合人工智能（AI）、大数据（Big Data）、云计算（Cloud Computing）等内容的百度ABC计划云，生态体系、上下游产业、品牌效应、资源优势相互融合，产业链进一步优化，具体内容丰富。

云计算产业标准体系建设力度将加大。当前全国范围云计算产业建设缺乏统筹协调，存在一定的低水平重复建设现象，造成资源浪费，标准体系建设亟待完善。工业和信息化部《云计算发展三年行动计划（2017—2019年）》中指出要加大政策引导和支持力度，制定发布超过20项的云计算相关标准，逐步形成统一、标准和完整的云计算标准体系，为上下游各方在标准制定、设备研制、资本融合和系统运营模式等方面提供指导，推动合作和交流，减少成本重复投入，实现产业链各方共赢的局面。

第六节　世界互联网大会成功举办

2017年12月3日至5日，第四届世界互联网大会在拥有千年历史的乌镇成功举办。中国国家主席习近平高度重视世界互联网大会，专门发来贺信，对大会的召开表示热烈的祝贺，对各位嘉宾表示诚挚的欢迎，并就进一步推进全球互联网发展与治理发表了重要主张，赢得了与会嘉宾的热烈反响和国际社会的广泛认同。

大会期间，与会中外嘉宾围绕“发展数字经济　促进开放共享——携手共建网络空间命运共同体”的主题，在20场主题鲜明、各具特色的分论坛上，积极贡献思想智慧、展示创新成就、探讨合作途径、展望未来愿景，取得了丰硕的成果。大会首次发布的《中国互联网发展报告2017》和《世界互联网发展报告2017》总结历史成就，分析了现状特点，展望趋势远景，为各国更好推动互联网发展提供了有益借鉴。①

本届大会的互联网之光博览会上来自全球的411家国内外知名企业参展，产品涵盖云计算、物联网、人工智能等全球互联网技术和应用创新及数字经济发展的最新成果，凸显了全球视野、创新驱动和开放合作的特点。大会期间举办的110多场新产品新技术发布活动、10场互联网项目合作专题对接会，为全球数字经济合作提供广阔舞台。大会举办的世界互联网领先科技成果发布活动上，来自苹果、高通、微软、阿里巴巴、华为等中外知名互联网企业的一批最新尖端成果集中亮相，使大会成为全球互联网顶尖科技的汇聚地和风向标。

---

① 《第四届世界互联网大会在乌镇落下帷幕》，网络（http://blog.sina.com）–2017。

第八章　无线电管理热点

本章主要对2016年无线电管理热点进行梳理总结，包括国际电联发布2016年版《无线电规则》、“世界无线电日”聚焦灾害管理和应急事件中的无线电、我国推动5G进程的力度将持续加大、严打网络电信诈骗违法犯罪活动力度等内容。

第一节　《无线电频率使用许可管理办法》颁布

2017年7月14日，工业和信息化部以《中华人民共和国工业和信息化部令》第40号文件，颁布了《无线电频率使用许可管理办法》（简称《办法》，原文见附件），于2017年9月1日起施行。《办法》的核心内容是为实现无线电频率资源的有效管理，无线电管理机构对无线电频率使用采取行政许可的管理方式，从而进一步明确了无线电频率使用与管理的法定界限与责任。

《办法》共六章、三十六条。主要确定了《办法》的适用范围、完善了申请和审批程序、明确了许可证的内容、规范了无线电频率使用行为、完善了监督管理措施、明确了法律责任。此次办法的颁布是我国首次对无线电频率使用立法，在规范频率使用上进了一大步，开启了有法可依的新时代。此次颁布《办法》一是贯彻落实《条例》的需要。二是规范频率使用许可审批和监管工作的需要。三是保障行政相对人利益的需要。目前，我国颁布实施的修订版《中华人民共和国无线电管理条例》（简称《条例》）为实施无线电频率使用许可提供了法律依据。《条例》明确规定了“使用频率许可应发放频率使用许可证”，但如何发放仍需要立法予以明确；《条例》也明确规定了“达不到使用率要求可收回频率”，如何评估频率使用率等也需要立法予以明确。因此此次《办法》的颁布回应了《条例》中这一要求。

需要说明的是，此次颁布的《办法》不包括对700MHz的管理。广播电视频率目前是由广播电视管理部门实施许可。附则中明确了广播电视的无线电管理法律及行政法规是广电部门制定的《广播电视条例》。因此频率使用许可管理办法实际上只针对国家和地方无线电管理机构有许可权限的频率，并不包括广播电视的700MHz。目前我国广电部门已经在部署700MHz频段相关应用，要使700MHz黄金频段充分发挥效益，还需各部门协同合作，共同推进。

第二节　《关于全面推进移动物联网（NB－IoT）建设发展的通知》发布

2017年6月15日，工业和信息化部正式发布《关于全面推进移动物联网（NB－IoT）建设发展的通知》。通知要求，加快推进移动物联网部署，构建NB－IoT网络基础设施。预计到2017年末，实现NB－IoT网络覆盖直辖市、省会城市等主要城市，基站规模达到40万个；到2020年，NB－IoT网络实现全国普遍覆盖，面向室内、交通路网、地下管网等应用场景实现深度覆盖，基站规模达到150万个。①

《通知》从政策层面明确支持了NB－IoT技术标准、行业应用等方面的发展，从技术标准、资源分配、资金管理、政策保障多个方面助力和保障我国NB－IoT产业的健康可持续发展。从推广NB－IoT在细分领域的应用、逐步形成规模应用体系、优化NB－IoT应用政策环境、创造良好可持续发展条件等多方面提出14条具体措施。这一有针对性和可行性文件的出台对我国NB－IoT产业的健康快速发展意义重大。

移动物联网在3GPP国际标准落地及相关产业政策出台后，进入快速发展阶段。2017年，设备制造商、运营商等产业链主要环节企业纷纷加速布局移动物联网。

① 赛迪智库无线电管理研究所孙美玉：《中国低功耗广域网络（LPWAN）发展及展望》，《通信产业报》2017年11月20日。

设备制造方面，几乎所有主流的芯片和模组厂商都明确支持 NB－IoT。华为公司已开始大规模供应 NB－IoT 芯片，推出包括终端、基站和管理平台的 NB－IoT 整体解决方案。中芯微电子公司 NB－IoT 芯片预计 2017 年 9 月开始商用。锐迪科 NB－IoT 芯片已开始量产。

运营商方面，中国移动在江西鹰潭建成全国首个地级市全域覆盖的窄带物联网（NB－IoT），同时实现了业务终端与物联网平台的双向数据传输。并于 8 月 3 日和 4 日先后发布了两则关于 NB－IoT 的重磅采购公告共计投入 395 亿。中国电信发布“NB－IoT（窄带物联网）企业标准”，并启动了广东、江苏等 7 省 12 市的大规模外场实验。中国联通则在广东开通了首个标准化 NB－IoT商用网络，并在上海迪士尼乐园进行了大规模 NB－IoT 外场启动实验，为游客提供实时停车位信息等服务。随着设备商、芯片商、三大运营商 NB－IoT 商用布局的加速，整个产业迎来重大发展机遇。

第三节 我国 5G 频率规划取得重大进展

当前，5G 研发和产业化已经成为各国政府进一步加快数字经济发展的重要抓手。在政府的高度关切下，国际标准化组织、运营商以及设备商，都在加速 5G 标准化和商用化进程。在这一进程中，频率规划对移动通信产业有着直接的驱动作用，无论是基带芯片、射频芯片等核心器件的研发，还是产业国际漫游和规模化的实现都离不开频率规划的引领。最近，工业和信息化部发布了 5G 系统在 3000—5000MHz 频段（中频段）内的频率使用规划，我国成为国际上率先发布 5G 系统在中频段内频率使用规划的国家。

各方共同努力的成果。5G 频率规划不仅限于尚未使用的“干净”频段，更多将涉及已存在无线电业务的相关频段，而这些无线电业务一般由多个不同部门和单位来负责开展。负责制定频率规划的国家无线电管理机构需要统筹考虑、全盘谋划，不仅要为我国 5G 发展争取更多、可用的高中低段频率资源，更要制定缜密的方案保证现有频段上开展的无线电业务不受影响。国家无线电管理机构做了大量的组织和协调工作，各有关部门和单位也积极参与、配合频率规划工作，可以说此次 5G 中频段频率规划的出台是各方共同努力的成果。

频率分配更受关注。此次5G频率规划的出台为产业界各方，尤其是三大基础电信运营商提振了5G加速商用的信心。但需要明确的是频率规划出台到频率分配方案落地之间仍然有一段距离。尤其是频率资源供需矛盾日益突出的今天，国家无线电管理机构更加需要根据三大基础电信运营商已有频率资源、网络建设情况以及在网人数等诸多因素制定最终的频率分配方案。而5G频率分配方案一旦尘埃落定，我国5G网络商用的大戏将拉开大幕。

第四节　国际电联发布2016年版《无线电规则》

2016年底，国际电信联盟正式发布了最新的2016年版《无线电规则》，于2017年1月1日起在各签约国生效。它同时包含了历届世界无线电通信大会修订批准的全部规则内容。这是2015年世界无线电通信大会（WRC15）决议的最重要成果。

国际电联是负责国际信息通信事务的联合国专门机构，成立于1865年5月17日，现有193个成员国，700多个部门成员。世界无线电通信大会（WRC）是国际电联修订《无线电规则》，立法规范无线电频谱和卫星轨道资源使用的国际会议，每三至四年召开一次。《无线电规则》具有国际条约地位，对国际电联所有成员国具有约束力，是国际上移动通信、广播电视、雷达、交通、航空航天、气象、海洋、遥感探测、导航定位等各种无线技术、应用和产业发展的基础和保障，涉及各国的核心权益，受到各国特别是经济、军事大国的高度重视。

2015年的世界无线电大会就移动通信、卫星、无人机、车载雷达等多个领域通过了一系列重要决议。主要包括：新增1427—1518 MHz频段为IMT全球统一频率，以部分国家脚注的方式增加部分频段为IMT频段，明确24. 25—27. 5GHz等11个5G高频候选频段，为推动全球5G技术标准和产业发展打下良好基础；新增卫星地球探测业务频段，扩大卫星成像雷达的可用频率，提升其成像精度；允许“动中通”地球站使用部分Ka频段，使相关应用合法化；给航空移动（航路）业务划分频段，将1087. 7—1092. 3MHz用于卫星接收机载 ADS－B 信号，满足航空机载内部无线通信和民航航班在全球范围内的监控和跟踪需要，有效提升航空器飞行的安全性和可靠性；允许无人机系统超视距控制和通信使用 Ku、Ka 频段卫星固定业务频率；为车载雷达划分高频频段。此外，大会还给业余无线电业务新增了 15KHz 频率，以推动全球业余无线电业务的发展。

新版《无线电规则》将全面详细地体现 WRC15 大会的这些重要决议，是各国制定自己频率管理规则的基础，将对未来一个时期全球无线技术、业务和产业发展产生重要的影响。按照惯例我国也将在此基础上制定出我国自己的新版《无线电频率划分规定》。

第五节　欧盟正式公布 5G 频谱战略

2016 年底，欧盟 5G 频谱推进工作取得实际性进展，由其委员会无线频谱政策部门正式公布 5G 频谱战略。该战略的初步草案在 6 月份形成，在公开征求相关部门详细意见的基础上，统筹协调频谱资源，部署合适的候选频段，为促进 2020 年的系统商用奠定坚实的基础。

欧盟 5G 频谱战略对相应的低、中、高候选频谱进行全面梳理，具体内容包括：对于 1GHz 以下的频谱资源，重点突出 700MHz 频段，解决 5G 技术的广覆盖应用；基于 3400—3600MHz 全球统一协调频段，明确指出在 2020 年以前，5G 系统部署使用的频段是 3400—3800MHz 频段，总带宽 400MHz 的频谱储备资源使得欧盟在 5G 产业国际化进程中能占据强有力的竞争地位。

作为 6GHz 以下频谱资源的有效补充，高频段频谱资源在该战略方案中也有明确的规定，具体包括：

首先，基于本国高频产业的实际发展需求，欧盟研究确立 24GHz 以上频谱资源作为 5G 产业推进的重点备选频段。基于该原则，相关部门将开展频谱迁移或者清频工作，按照现有频段业务发展实际，统筹协调，制订合理的时间计划，保证传统业务合理、有序的过渡。

其次，该战略确立在 24.25—27.5GHz 频段开展 5G 相关先行和试点应用，建议尽快开展该频段标准化工作，鼓励各个成员国开展技术创新推动，争取在该频段开展部分试点。同时协调相关部门，开展5G与该频段现有卫星探测业务、卫星固定业务和无源保护等业务的共用技术及标准等方面的研究工作，提高频谱资源利用率，避免对现有业务造成有害干扰。

此外，该战略还提出31.8—33.4GHz、40.5—43.5GHz频段均可作为欧盟5G技术中、长期发展的候选频段，将积极开展5G技术在该频段适用性研究工作，突破重点和难点问题，同时建议避免其余业务迁移至该频段，保证未来5G在该频段应用的可能性。

5G频谱资源的全球化统一能带来极强的规模效应，有利于产业发展和漫游。该战略统筹低、中、高频段资源，满足5G发展不同场景的需求，有利于欧盟在相关产业领域占据领先，对其标准化、研发创新和产业方面都意义重大，对5G频谱国际化工作起到积极的推动作用。

第六节　依法打击网络电信诈骗工作迈上新台阶

近年来，不法分子利用信息通信网络等方式进行网络电信诈骗的犯罪活动激增，案件逐年增加，手法呈现更加隐蔽和组织化特点，对广大人民群众的生命和财产安全造成极大威胁，引起社会的广泛关注。

国家相关部门一直致力于严打网络电信诈骗违法犯罪活动，通过协调、建立国家层面的打击治理电信网络新型违法犯罪的部级联席会议制度，以便实现各部门联动，提高工作实效。2016年10月，最高人民法院、最高人民检察院、公安部、工业和信息化部等联合发布《关于防范和打击电信网络诈骗犯罪的通告》，对规范开展网络电信诈骗违法犯罪的源头打击工作具有重要作用，但对于新型电信网络诈骗犯罪行为与法律适用性问题上没有作出详细规定。

2016年底，最高人民法院、最高人民检察院、公安部在对各部门深入调研和论证的基础上，严格依照司法解释程序，联合发布《关于办理电信网络诈骗等刑事案件适用法律若干问题的意见》（原文见附件），进一步完善打击网络电信诈骗犯罪活动工作的法律体系，明确了打击网络电信诈骗的法律尺度，对维护社会稳定和人民群众生命财产安全具有重要作用，打击网络电信诈骗工作迈上新台阶。

该意见框架体系包括七大部分，共计36条具体内容，相关亮点包括：

对于网络电信诈骗价值3000元以上、3万元以上、50万元以上的，规定分别与刑法“数额较大”“数额巨大”“数额特别巨大”对应，使得处罚合理有据；

多次诈骗两年内未经处理，数额累计构成犯罪的，依法定罪处罚，即明确了数额标准和数量标准并行的定罪方式，同时对于着重处罚的情形进行全面规定；

鉴于网络电信诈骗案件多为组织化行为的特点，明确惩处关联犯罪这一原则，并针对其衍生的几类诈骗犯罪行为规定定罪和量刑标准；

为提高办案效率，对于案件管辖（包括复杂案件和涉外案件等）、赃款和赃物处理等进行了明确规定。

该意见符合新形势下我国社会发展需求，为司法机关处置电信网络诈骗犯罪工作提供有效依据，对于今后各地、各部门开展和推进打击电信网络诈骗犯罪活动专项行动，保障人民群众的财产安全和合法权益意义重大。

展望篇

第九章　无线电应用及产业发展趋势展望

本章主要对2018年无线电应用及产业发展趋势进行了分析和展望。无线技术与应用将继续蓬勃发展，频率资源的稀缺性依然存在，无线电管理法律法规体系将进一步完善，5G标准及规模商用将进一步提速，移动物联网技术及产业加速溢出，人工智能推动传统产业加速深度融合等。

第一节　无线技术与应用蓬勃发展

2017年，是中国移动物联网发展元年。包括5G、物联网、车联网、AR/VR、人工智能在内的多项技术与应用呈现百花齐放的态势，全球顶尖科技企业纷纷布局相关领域，无人驾驶、虚拟现实、人工智能等均出现试验性产品。2018年，5G方面，随着韩国奥运会的5G商用，预计全球5G规模化商用将进一步提速。物联网方面，低功耗广域网发展迅速，NB－IoT和eMTC迎来快速发展机遇。随着华为主导的NB－IoT标准落地，预计2018年在芯片、模组方面成本继续下降，行业应用将逐步展开，成为物联网商用落地的切入点。车联网方面，根据GSMA调查数据显示2018年车联网规模有望达390亿欧元，并将在未来迎来黄金发展期，预计2018年我国车联网V2V标准及专用频率分配也将提速。智能交通（含LTE－V及毫米波雷达）、航空遥测、无线充电、海洋雷达等新技术新应用也对有限的频谱资源提出新的需求。

伴随新兴技术及应用的加速推进，数字化、网络化、智能化将渗透到核心硬件制造、系统研发、网络运营及服务等各个层面，产业边界消退，无线相关的新技术新业态融合创新迸发强大生命力，并带动生产方式的智能化改造。

第二节　无线电管理法律法规体系将进一步完善

2017年我国无线电管理法律法规体系取得了新进展。继2016年11月修订后的《中华人民共和国无线电管理条例》（以下简称新《条例》）颁布出台后，无线电管理局陆续出台系列政策法规，包括：《边境地区地面无线电业务频率国际协调规定》自2017年2月1日起施行；制定《卫星网络申报协调与登记维护管理办法（试行）》，自2017年3月1日起施行；颁布《无线电频率使用许可管理办法》，自2017年9月1日起施行；这些政策法规的实施使得无线电管理法律法规建设取得重大进展。

2018年，工信部将进一步加强无线电管理法制建设和依法行政能力。首先是新《条例》的持续宣贯，完成相关释义的编写出版。推动《中华人民共和国刑法修正案（九）》中“扰乱无线电通讯秩序罪”司法解释出台。其次继续推进与新《条例》配套的频率许可、台站执照、边境协调等规章、规范性文件的制修订。同时深入推进依法行政，规范行政许可、行政处罚、行政强制等行为，细化新《条例》中行政处罚自由裁量权，研究制定无线电管理行政权力清单。

第三节　5G标准及规模商用将进一步提速①

2017年是5G国际标准正式启动和推进的一年，全球5G进入标准和研发的关键阶段。我国积极参与和推进5G标准化及频谱规划工作，工业和信息化部批复4.8—5.0GHz、24.75—27.5GHz和37—42.5GHz频段用于我国5G技术研发试验，这是继2016年1月，工业和信息化部确定3.4—3.6GHz频段用于北京和深圳两地5G技术试验，以验证5G关键技术性能之后又一次新增5G技术试验用频。此次新增频率可满足5G技术试验不同场景下应用需求，为开

① 部分内容引自《人民邮电报》《中国电子报》《中国无线电》新闻报道。

展5G原型设备在统一频段上的功能和性能验证提供了必要条件，有助于加速推进产业链的成熟。2017年11月工业和信息化部发布5G系统在3000—5000MHz频段内的频率使用规划，成为国际上率先发布5G系统在中频段内频率使用规划的国家。

5G是我国实施“网络强国”“制造强国”战略的重要信息基础设施，更是发展新一代信息通信技术的高地。频率资源是研发、部署5G系统最关键的基础资源，此次工业和信息化部率先发布5G系统在中频段的频率使用规划，将对我国5G系统技术研发、试验和标准等制定以及产业链成熟起到重要先导作用。2018年，工业和信息化部预计将继续为5G系统的应用和发展规划调整出包含高频段（毫米波）、低频段在内的更多的频率资源。

第四节　移动物联网技术及产业加速溢出

2018年，物联网的终端设备（包括传感器、机器和家用电器等）将持续保持增长趋势，增速预计将达到23%；据Gartner预计到2020年，物联网设备数量将达到260亿，市场总量1.9万亿美元。随着智能交通、智能家居、智能医疗等物联网应用的广泛普及，到2021年，仅西欧地区物联网设备的统计数据就将增长400%，主要应用领域包括政府监管专网、车联网和紧急通信等，产业应用上升空间巨大。2018年移动物联网尤其是NB－IoT商业化应用将加速，截至2017年8月，全国已进入小规模应用，中国、欧洲和韩国十几张网络商用。2018年预计产业规模将达到8000万至1亿元人民币。伴随着“中国制造2025”“数字丝绸之路”等国家战略的实施，国家对物联网等新一代信息通信技术产业的扶持力度进一步加大，“十三五”期间我国物联网产业有望迎来重大机遇期，未来发展空间巨大。

第五节　人工智能推动传统产业加速深度融合

作为新一轮科技革命和产业变革的核心驱动力，人工智能正在快速催生新产品、新服务、新业态。搜索、驾驶、家居、人机交互、制造、交通等多个领域大力推进“人工智能＋”，无人机、车联网、工业互联网等多个行业发展迅猛。从国家层面看，无线电频率是行业发展的基石，“人工智能＋”的快速崛起，在很多行业应用上将对无线技术及应用产生巨大需求。提前做好国际、国内频谱规划战略布局，和国际接轨，争取国际话语权才能促进产业的健康快速发展。同时，人工智能将促进产业边界的进一步模糊和融合，也将给无线电管理带来诸多新的挑战。

第十章　无线电管理发展展望及相关建议

本章对2018年无线电管理工作进行了展望并提出了相关建议。一是以频率资源为引领，服务国家发展大局；二是进一步增强无线电管理国际事务中的话语权；三是深入推进新《条例》宣贯实施工作；四是提高社会依法用频设台意识；五是推动NB－IoT和eMTC协同发展。

第一节　以频率资源为引领服务国家发展大局

当前，大数据、人工智能、下一代移动通信、物联网等新一代信息技术蓬勃发展，广大人民群众追求更为便利、普惠、安全、高效生活方式的需求日益高涨，在供需双重力量推动下，数字化、网络化、智能化的生产生活正在成为现实。无线技术将扮演愈来愈重要的角色，无线电频谱作为稀缺的战略性资源，成为各国战略布局的重点。十九大报告明确指出，要推动互联网、大数据、人工智能和实体经济深度融合。频谱资源作为信息传输无所不在的重要载体，是新一代信息技术快速发展不可或缺的资源保障。一是加快重点领域频率规划进度。

我国5G商用对高中低三个频段频谱资源均提出了巨大的新需求。作为支撑物联网发展的关键通信技术，它是新一代信息通信产业的关键技术之一。按照国际电联及美国、日本、韩国等多国的5G商用计划，2020年将开始正式5G商用，2018年开始试商用。为了加快引领5G产业的发展，在明年6月国际电联5G国际标准首个版本出台时，我国将同步开始5G试商用，并争取实现2020年全球首发。今年11月，我国工信部已在国际上率先出台了500MHz的5G中频频段资源规划，但5G高频和低频的规划尚未落地，对5G的三大类应用场景尚未能形成有效全覆盖。因此，在5G中频段资源规划出台的基础上，继续加快5G低频段和毫米波频段频率规划的进度，早日形成我国5G频率规划低、中、高频段全覆盖的新格局，引领5G产业发展。此外，要同步推动车联网、物联网、工业互联网等新一代前沿引领技术的频率规划进度，助力信息技术与实体经济深度融合。二是进一步提升频谱资源利用效率。一方面，进一步落实《关于创新政府配置资源方式的指导意见》，加快频谱资源市场配置试点工作的推进，发挥市场在频谱资源配置中的更大作用。另一方面，完善频谱使用评估与回收机制，对使用效率低下的频率，通过实施频率评估促进其技术进步加快重耕、部分退除，对使用到期的严格收回或续用，最大化频谱资源的社会效益和经济效益。

第二节　进一步增强国际事务中的话语权

目前，国际上对于频谱资源的争夺日益激烈。一是多国争夺5G频谱资源规划主导权。目前国际上信息技术大国纷纷抢占5G产业的制高点。美国在国际上率先出台了5G高频频谱规划。韩国计划2018年平昌冬奥会上开展5G试商用，欧盟近日发布了欧洲5G频谱战略，确定5G初期部署的频谱。二是台站国际电联登记保护日益受到各国重视。频谱资源和卫星轨道资源都是信息经济时代稀缺的自然资源，也是国家重要的战略资源。按照国际电联规定，无线电台站设置及其频率使用必须进入国际频率、台站登记总表中，才能得到国际承认和保护。原则是后用让先用、无规划让有规划。因此，台站国际申报直接关系到国际频率协调的优势地位。当前，俄罗斯、日本、印度、韩国等我国周边邻国都向ITU申报了大量电台。近年来我国无线电台站国际保护申报有了大幅增长，但还有很大的上升空间。

要增加无线电管理的国际事务话语权，一是不断加强卫星网络和边境地区的国家协调。进一步落实《边境地区地面无线电业务频率国际协调规定》，依法开展与俄罗斯、越南、蒙古等周边国家及地区的频率协调，深化在频率规划、管理方面的对接。继续推进与相关国家主管部门间的卫星网络协调。二是持续提升参与无线电频谱全球治理的能力和影响。加强2019年世界无线电通信大会议题研究，全面参与国际电信联盟、亚太电信组织等国际组织活动及相关规则制定工作，在国际多边和双边场合，发出中国声音，进一步提升国际话语权，积极维护我国频谱资源和轨道资源使用的合法权益。

第三节　深入推进新《条例》宣贯实施工作

2016 年 12 月 1 日起，我国开始施行修订后的《中华人民共和国无线电管理条例》。多年来，受原《条例》的限制，我国无线电管理部门对违法犯罪的震慑效应、处罚力度远远不够。新《条例》将擅自设置使用电台的罚款上限，由原来的 5000 元提高到了 50 万元，《中华人民共和国刑法修正案（九）》也提高了“扰乱无线电通讯管理秩序罪”的量刑档次。这些措施加大了处罚力度，也必然对行政执法提出更高的要求。但是制约无线电管理行政执法的因素仍然存在。一是执法任务繁重。“十二五”期间，无线电管理机构共查处 7200 余起“伪基站”“黑广播”案件。2017 年 1 月至 4 月，全国无线电管理机构配合公安等部门就查处了“伪基站”案件 359 起，查处“黑广播”案件 1235 起。二是执法难度越来越大。随着打击治理工作不断深入，当前“伪基站”“黑广播”设备日趋智能化、小型化，作案手段逐步集团化、专业化，给无线电管理机构的查处工作带来不小的困难。

新《条例》对无线电管理行政执法提出了更高要求。因此，落实新《条例》需要从以下几个方面着手：一是推进新《条例》普法宣传向纵深推进。通过组织无线电管理志愿者服务、无线电管理知识竞赛等方式，开展《条例》进机关、进乡村、进社区、进学校、进企业的“法律五进”活动。充分利用政府机关、企事业单位和公共场所的电子显示设备滚动播放《条例》实施的有关内容。二是全面做好领导干部学习《条例》工作。各级无线电管理机构、国务院有关部门的无线电管理机构以及三大运营商等重点用频单位领导同志带头对《条例》进行系统学习，将学习活动不断引向深入。三是及时清理、规范、完善相关配套制度。在完善部门规章及规范性文件的同时，各级无线电管理机构要对照《条例》，对现有地方性法规规章进行认真梳理，及时修订和清理。四是各级无线电管理机构加大行政执法力度。进一步细化《条例》中行政处罚自由裁量权标准，依法严格规范行政处罚、行政强制措施行为，对存在非法违法行为的个人和单位依法采取相应措施。

第四节　提高社会依法用频设台意识

新《条例》根据行政审批制度改革的精神，按照简政放权、放管结合、优化服务的要求，取消、下放和调整了部分行政许可事项，加强了事中事后监管。当前，普通民众对无线电台站和频率资源需要依法使用的认识不够，没有形成如同对水、矿产、海洋等自然资源的共性认识。当前，民众对于新《条例》认知不够，自觉登记无线电台站的比例有待提高，伪基站、黑广播及无人机侵扰民航和高铁运行的事件时有发生。随着移动互联网、物联网、智慧城市等的深入发展，无线电应用种类和设备数量大大增加，无线电波受到有害干扰的可能性也在增加，亟须提高全社会依法使用频率台站的意识，使广大群众了解《条例》的主要制度，增强法制观念，也使更多的部门和单位关心、支持无线电事业发展。

第五节　推动 NB - IoT 和 eMTC 协同发展①

作为下一个万亿美元级市场，物联网已成为运营商继移动互联网之后最重要的转型经营突破口。近年来，全球主流的移动系统、终端芯片等厂家都加快了 eMTC 和 NB - IoT 研发，积极开展移动物联网的产业布局。当前，我国 NB - IoT 物联网技术应用已经获得大力推广。2017 年 6 月份，工信部明确 NB - IoT系统频率使用要求，发布了《工业和信息化部办公厅关于全面推进移动物联网（NB - IoT）建设发展的通知》。我国三大电信运营商均宣布部署运营 NB - IoT 网络。中国电信实现 31 万个基站升级，建成全球首个覆盖最广的商用 NB - IoT 网络。但在国际上，NB - IoT 技术之外，eMTC 技术是同步推进的重要物联网技术。总体上看，我国在 eMTC 的部署上稍落后于国际先进水

① 部分内容来自彭健《国外低功耗广域网发展及启示》，《通信产业报》2017 年 11 月 17 日。

平。物联网发展需要尽快制定 eMTC 相关频率使用要求。eMTC 技术采用 LTE 带内部署方式，可与 LTE 在同一频段内协同工作，由基站统一进行资源分配，共用部分控制信道。尽管如此，为推动我国物联网产业的健康有序发展，仍需要进一步明确 eMTC 设备相关频率功耗等使用要求。

为推动 NB - IoT 和 eMTC 协同发展，一是坚定支持 NB - IoT 作为我国未来全覆盖的物联网骨干网络。协同各方资源加快互联互通的 NB - IoT 网络全国覆盖。首先，在网络规划、建设、运营环节统筹谋划三大运营商 NB - IoT 互联互通，真正打通国家物联网“大动脉”。其次，通过进一步共建共享三大运营商基础设施资源、合理配置 NB - IoT 工作频段、引导多模多频芯片和模组研发、降低 NB - IoT 物联网终端成本等多种措施，产业链上下协同形成合力，加速 NB - IoT 网络全国落地和应用普及。二是协同推进 eMTC 网络部署。目前来看，eMTC 相比较 NB - IoT 在峰值速率、移动切换、语音通话等方面存在优势，更适合对传输速率、业务连续性、语音通话有更高要求的物联网应用。从 NB - IoT 和 eMTC 的演进路径来看，未来二者之间的界限将越来越模糊，相互融合将成为趋势。协同推进 eMTC 网络部署，将进一步丰富和完善低功耗广域物联网的适用场景，全面提升用户体验。

附 录

第一节 2018年全国无线电管理工作要点

工业和信息化部无线电管理局

2018年全国无线电管理工作的总体思路是：深入贯彻落实党的第十九次全国代表大会精神，以习近平新时代中国特色社会主义思想为指引，落实制造强国、网络强国战略，按照“三管理、三服务、一突出”的总体要求，坚持频谱资源开发利用效率与效益并重，坚持台站管理与服务并重，坚持电波秩序维护预防与惩治并重，坚持无线电安全保障机制与管控手段并重，全面深入贯彻新修订的《无线电管理条例》（以下简称《条例》），综合运用法律、行政、技术、经济四种管理手段，切实推进无线电管理领域国家治理体系和治理能力现代化，服务经济社会发展和国防建设。

一、大力推进无线电管理法治建设，全面提升无线电管理执法能力

（一）开展提升全国无线电管理机构执法能力专项行动。对《条例》实施以来各地无线电管理机构行政执法工作进行检查，从组织领导、制度建设、队伍建设、执法规范、执法效果、信息公开等方面进行综合评估，促进执法能力水平提升，引导树立严格规范、公正文明的执法形象，增强无线电管理队伍的公信力。

（二）进一步推进《条例》配套规章制度的修订和完善。发布并宣贯新版《无线电频率划分规定》。推动出台《卫星无线电频率和空间无线电台管理办法》《无线电发射设备管理规定》《地面无线电台站管理办法》《铁路无线

电管理规定》《无线电技术阻断设备管理规定》等规章和规范性文件。依据《条例》要求，深入开展各省（区、市）无线电管理规章和规范性文件制修订工作。厘清无线电管理领域权责界限，指导地方发布无线电管理机构权力和责任清单。

（三）促进无线电管理行政许可规范化、便捷化。落实中央深化“放管服”改革和推进“互联网+政务服务”要求，优化审批流程，规范许可行为，推进行政许可信息化工作。更新行政许可申请指南，发布施行新版无线电台站执照样式和发放指南。让信息多跑路，让用户少跑腿，推动实现用户办理许可手续“最多跑一次”，探索提供行政许可全程网上办理的“零上门”服务。推进无线电管理领域“双随机一公开”工作，制定实施办法并开展抽查。

（四）推动《无线电法》立法工作。密切跟踪《条例》实施情况，系统梳理相关问题，深入开展《无线电法》立法前期预研。

二、着力提升频率资源开发利用效率和效益，为建设“两个强国”提供频率资源保障

（五）加快重点无线电频率规划。加快5G系统频率规划进度，制定中频段无线电设备射频技术指标，提出部分毫米波频段频率规划方案。适应物联网、工业互联网、车联网发展，制定广域物联网、车联网频率使用规划及相关管理规定，适时发布eMTC蜂窝物联网频率管理规定及射频技术指标。研究制定无人机频率使用管理规定、无线电充电设备频率使用管理规定和技术规范。适时调整230MHz、800MHz频段专网及公众对讲机频率使用规划和相关规定。

（六）做好无线电频率使用许可工作。研究制定5G系统中频段频率使用许可方案及基站设置管理规定，适时发放5G系统频率使用许可。加强对各行业部门频率需求统筹协调，总结采用竞争性方式开展频率使用许可试点经验，分步骤开展230MHz频段电力专网频率使用许可，继续做好1.4GHz、1.8GHz行业专用频段的频率使用许可工作。探索采用电子化方式发放频率使用许可。

（七）提升频率资源使用效率。落实无线电频率使用率有关规定，研究制定评价标准和评价方法，适时组织开展800MHz等频段频率使用率评价及核查

试点工作。

（八）做好卫星频率和轨道资源申报、协调和管理。适应卫星业务和应用发展，制定Ka频段动中通业务频率使用的管理措施。优化卫星网络申报国内协调程序，建立申报单位责任制，强化申报单位责任和义务。加强卫星频率和轨道资源管理顶层设计，开展中长期资源规划可行性研究，发布民用遥感和科学业务卫星频率轨道资源使用规划。支持重大航天工程建设，建立卫星频率使用风险预警机制，制定卫星工程拟使用的卫星频率可行性论证实施办法，重点做好北斗、载人、探月、天地一体化信息网络等的卫星频率论证和申报协调等工作。

三、创新改进无线电台站和无线电设备管理，加强事中事后监管

（九）推进台站管理模式创新。规范地面无线电台站设置使用，发布1.4GHz、1.8GHz频段专网频率台站管理指导意见。推进公众移动通信基站设置使用管理规定落地实施，探索采用电子执照等方式优化许可流程，方便设台用户。修订《建立卫星通信网和设置使用卫星地球站管理规定》，加强对卫星地球站的管理。

（十）加强无线电发射设备管理。修订微功率短距离无线电设备管理规定（含技术要求），规范微功率短距离无线电设备使用和管理。出台无线电发射设备销售备案管理规定，建立全国销售备案统一平台，全面开展无线电发射设备销售备案。加强对无线电发射设备型号核准和市场销售的监督检查，依法查处非法生产、进口和销售未经型号核准的无线电发射设备的行为。

四、有效维护空中电波秩序和保障无线电安全，继续开展防范打击“黑广播”“伪基站”专项行动

（十一）维护良好的电波秩序。持续加强电波监测，进一步规范干扰申诉及查处。制定监测工作指导意见及干扰投诉和查处暂行办法实施细则，在部分省（区、市）开展监测数据综合运用试点。会同有关部门继续做好航空、铁路、水上等专用频率保护。继续配合做好防范打击利用无线电设备进行考试作弊行为。会同公安等部门，保持防范打击“黑广播”“伪基站”高压态

势，运用大数据技术对全国“伪基站”进行实时预警和监控，会同广电部门开展调频广播电台集中整治专项行动。

（十二）做好重大活动无线电安全保障。规范重大活动无线电安全保障工作流程，重点做好上合组织峰会、中国国际进口博览会、中非合作论坛峰会、世界军人运动会、丝绸之路国际汽车拉力赛等重大活动无线电安全保障工作。推进冬奥会筹备工作，建立冬奥会无线电管理联席会议制度。制定完善涉外无线电频率指配工作制度。适时开展省级或区域无线电安全保障演练。

五、稳步推进“十三五”规划落实，配合做好频占费管理相关工作

（十三）做好“十三五”规划落实。按计划推进无线电管理“十三五”规划建设，组织开展中期评估。发布《无线电管理标准工作指南》，协调推动无线电领域国标、行标、团标的制定和审查。进一步规范无线电管理基础、技术设施建设和使用，修订完善建设标准，制定设施建设指导性意见，适时在部分省（区、市）开展技术设施使用率评估试点工作，研究制定技术设备报废标准。继续推进边海工程相关工作。

（十四）加强频占费管理工作。配合发改委、财政部提出频占费收费标准修订方案。加强对频占费转移支付资金预算管理指导和培训，进一步提升频占费转移支付资金申报和使用的规范性。完善频占费转移支付资金使用计划审核流程和审核办法，进一步增强频占费转移支付资金审核工作的科学性、合理性。制定频占费转移支付资金使用绩效考核暂行办法，适时在部分省（区、市）开展绩效考核试点工作，进一步提升资金使用效益。

六、进一步加强涉外无线电管理工作，维护国家合法权益

（十五）深化无线电管理国际协调与合作。组织开展中俄，内地与香港、澳门等地面业务频率协调会谈，以及中日、中美、中挪主管部门间卫星网络协调会谈。认真做好国际无线电协调信函处理、台站国际申报登记、国际电联周报处理等工作，稳步推进信函、周报处理信息化工作，严格落实信函、周报处理责任制，维护国家权益。扎实推进2019年世界无线电通信大会参会准备和ITU－R国内对口研究组相关工作。

七、不断强化统一领导和协同配合，凝聚无线电管理合力

（十六）加强无线电管理军地协调。统筹经济社会发展和国防建设需求，完善军地无线电（电磁频谱）管理协调机制，推进无线电管理军民融合发展。加强和规范预备役电磁频谱管理部队建设。

（十七）强化与地方、相关部门和机构的协同配合。依据《条例》，坚持分工管理、分级负责，密切国家、地方、部门无线电管理机构之间的协同配合，充分发挥无线电管理技术机构、支撑机构和协会组织的作用，形成无线电管理合力，不断提升无线电管理能力和水平。

八、持续加强无线电管理业务培训，扎实做好宣传工作

（十八）加强宣传和培训工作。加强无线电管理专业人才队伍培养，举办无线电管理高层次人才能力建设高级研修班和六期全国无线电管理业务培训班，加大对新疆、西藏等地区技术业务骨干的培训力度。组织开展无线电管理宣传月和无线电科普等活动，不断提升宣传实效。认真实施《全国无线电管理政务信息报送办法（暂行)》，不断提高信息报送质量和水平，编发《无线电管理动态》。指导中国无线电协会发布“中国无线电管理”宣传标识和宣传口号，并做好后续使用管理工作。

第二节　中华人民共和国无线电管理条例

（1993 年 9 月 11 日中华人民共和国国务院、中华人民共和国中央军事委员会令第 128 号发布　2016 年 11 月 11 日中华人民共和国国务院、中华人民共和国中央军事委员会令第 672 号修订)

第一章　总　则

第一条　为了加强无线电管理，维护空中电波秩序，有效开发、利用无线电频谱资源，保证各种无线电业务的正常进行，制定本条例。

第二条　在中华人民共和国境内使用无线电频率，设置、使用无线电台

（站），研制、生产、进口、销售和维修无线电发射设备，以及使用辐射无线电波的非无线电设备，应当遵守本条例。

第三条　无线电频谱资源属于国家所有。国家对无线电频谱资源实行统一规划、合理开发、有偿使用的原则。

第四条　无线电管理工作在国务院、中央军事委员会的统一领导下分工管理、分级负责，贯彻科学管理、保护资源、保障安全、促进发展的方针。

第五条　国家鼓励、支持对无线电频谱资源的科学技术研究和先进技术的推广应用，提高无线电频谱资源的利用效率。

第六条　任何单位或者个人不得擅自使用无线电频率，不得对依法开展的无线电业务造成有害干扰，不得利用无线电台（站）进行违法犯罪活动。

第七条　根据维护国家安全、保障国家重大任务、处置重大突发事件等需要，国家可以实施无线电管制。

第二章　管理机构及其职责

第八条　国家无线电管理机构负责全国无线电管理工作，依据职责拟订无线电管理的方针、政策，统一管理无线电频率和无线电台（站），负责无线电监测、干扰查处和涉外无线电管理等工作，协调处理无线电管理相关事宜。

第九条　中国人民解放军电磁频谱管理机构负责军事系统的无线电管理工作，参与拟订国家有关无线电管理的方针、政策。

第十条　省、自治区、直辖市无线电管理机构在国家无线电管理机构和省、自治区、直辖市人民政府领导下，负责本行政区域除军事系统外的无线电管理工作，根据审批权限实施无线电频率使用许可，审查无线电台（站）的建设布局和台址，核发无线电台执照及无线电台识别码（含呼号，下同），负责本行政区域无线电监测和干扰查处，协调处理本行政区域无线电管理相关事宜。

省、自治区无线电管理机构根据工作需要可以在本行政区域内设立派出机构。派出机构在省、自治区无线电管理机构的授权范围内履行职责。

第十一条　军地建立无线电管理协调机制，共同划分无线电频率，协商处理涉及军事系统与非军事系统间的无线电管理事宜。无线电管理重大问题报国务院、中央军事委员会决定。

第十二条　国务院有关部门的无线电管理机构在国家无线电管理机构的

业务指导下，负责本系统（行业）的无线电管理工作，贯彻执行国家无线电管理的方针、政策和法律、行政法规、规章，依照本条例规定和国务院规定的部门职权，管理国家无线电管理机构分配给本系统（行业）使用的航空、水上无线电专用频率，规划本系统（行业）无线电台（站）的建设布局和台址，核发制式无线电台执照及无线电台识别码。

第三章　频率管理

第十三条　国家无线电管理机构负责制定无线电频率划分规定，并向社会公布。

制定无线电频率划分规定应当征求国务院有关部门和军队有关单位的意见，充分考虑国家安全和经济社会、科学技术发展以及频谱资源有效利用的需要。

第十四条　使用无线电频率应当取得许可，但下列频率除外：

（一）业余无线电台、公众对讲机、制式无线电台使用的频率；

（二）国际安全与遇险系统，用于航空、水上移动业务和无线电导航业务的国际固定频率；

（三）国家无线电管理机构规定的微功率短距离无线电发射设备使用的频率。

第十五条　取得无线电频率使用许可，应当符合下列条件：

（一）所申请的无线电频率符合无线电频率划分和使用规定，有明确具体的用途；

（二）使用无线电频率的技术方案可行；

（三）有相应的专业技术人员；

（四）对依法使用的其他无线电频率不会产生有害干扰。

第十六条　无线电管理机构应当自受理无线电频率使用许可申请之日起20个工作日内审查完毕，依照本条例第十五条规定的条件，并综合考虑国家安全需要和可用频率的情况，作出许可或者不予许可的决定。予以许可的，颁发无线电频率使用许可证；不予许可的，书面通知申请人并说明理由。

无线电频率使用许可证应当载明无线电频率的用途、使用范围、使用率要求、使用期限等事项。

第十七条　地面公众移动通信使用频率等商用无线电频率的使用许可，

可以依照有关法律、行政法规的规定采取招标、拍卖的方式。

无线电管理机构采取招标、拍卖的方式确定中标人、买受人后，应当作出许可的决定，并依法向中标人、买受人颁发无线电频率使用许可证。

第十八条 无线电频率使用许可由国家无线电管理机构实施。国家无线电管理机构确定范围内的无线电频率使用许可，由省、自治区、直辖市无线电管理机构实施。

国家无线电管理机构分配给交通运输、渔业、海洋系统（行业）使用的水上无线电专用频率，由所在地省、自治区、直辖市无线电管理机构分别会同相关主管部门实施许可；国家无线电管理机构分配给民用航空系统使用的航空无线电专用频率，由国务院民用航空主管部门实施许可。

第十九条 无线电频率使用许可的期限不得超过10年。

无线电频率使用期限届满后需要继续使用的，应当在期限届满30个工作日前向作出许可决定的无线电管理机构提出延续申请。受理申请的无线电管理机构应当依照本条例第十五条、第十六条的规定进行审查并作出决定。

无线电频率使用期限届满前拟终止使用无线电频率的，应当及时向作出许可决定的无线电管理机构办理注销手续。

第二十条 转让无线电频率使用权的，受让人应当符合本条例第十五条规定的条件，并提交双方转让协议，依照本条例第十六条规定的程序报请无线电管理机构批准。

第二十一条 使用无线电频率应当按照国家有关规定缴纳无线电频率占用费。

无线电频率占用费的项目、标准，由国务院财政部门、价格主管部门制定。

第二十二条 国际电信联盟依照国际规则规划给我国使用的卫星无线电频率，由国家无线电管理机构统一分配给使用单位。

申请使用国际电信联盟非规划的卫星无线电频率，应当通过国家无线电管理机构统一提出申请。国家无线电管理机构应当及时组织有关单位进行必要的国内协调，并依照国际规则开展国际申报、协调、登记工作。

第二十三条 组建卫星通信网需要使用卫星无线电频率的，除应当符合本条例第十五条规定的条件外，还应当提供拟使用的空间无线电台、卫星轨道位置和卫星覆盖范围等信息，以及完成国内协调并开展必要国际协调的证明材料等。

第二十四条　使用其他国家、地区的卫星无线电频率开展业务，应当遵守我国卫星无线电频率管理的规定，并完成与我国申报的卫星无线电频率的协调。

第二十五条　建设卫星工程，应当在项目规划阶段对拟使用的卫星无线电频率进行可行性论证；建设须经国务院、中央军事委员会批准的卫星工程，应当在项目规划阶段与国家无线电管理机构协商确定拟使用的卫星无线电频率。

第二十六条　除因不可抗力外，取得无线电频率使用许可后超过 2 年不使用或者使用率达不到许可证规定要求的，作出许可决定的无线电管理机构有权撤销无线电频率使用许可，收回无线电频率。

第四章　无线电台（站）管理

第二十七条　设置、使用无线电台（站）应当向无线电管理机构申请取得无线电台执照，但设置、使用下列无线电台（站）的除外：

（一）地面公众移动通信终端；

（二）单收无线电台（站）；

（三）国家无线电管理机构规定的微功率短距离无线电台（站）。

第二十八条　除本条例第二十九条规定的业余无线电台外，设置、使用无线电台（站），应当符合下列条件：

（一）有可用的无线电频率；

（二）所使用的无线电发射设备依法取得无线电发射设备型号核准证且符合国家规定的产品质量要求；

（三）有熟悉无线电管理规定、具备相关业务技能的人员；

（四）有明确具体的用途，且技术方案可行；

（五）有能够保证无线电台（站）正常使用的电磁环境，拟设置的无线电台（站）对依法使用的其他无线电台（站）不会产生有害干扰。

申请设置、使用空间无线电台，除应当符合前款规定的条件外，还应当有可利用的卫星无线电频率和卫星轨道资源。

第二十九条　申请设置、使用业余无线电台的，应当熟悉无线电管理规定，具有相应的操作技术能力，所使用的无线电发射设备应当符合国家标准和国家无线电管理的有关规定。

第三十条 设置、使用有固定台址的无线电台（站），由无线电台（站）所在地的省、自治区、直辖市无线电管理机构实施许可。设置、使用没有固定台址的无线电台，由申请人住所地的省、自治区、直辖市无线电管理机构实施许可。

设置、使用空间无线电台、卫星测控（导航）站、卫星关口站、卫星国际专线地球站、15 瓦以上的短波无线电台（站）以及涉及国家主权、安全的其他重要无线电台（站），由国家无线电管理机构实施许可。

第三十一条 无线电管理机构应当自受理申请之日起 30 个工作日内审查完毕，依照本条例第二十八条、第二十九条规定的条件，作出许可或者不予许可的决定。予以许可的，颁发无线电台执照，需要使用无线电台识别码的，同时核发无线电台识别码；不予许可的，书面通知申请人并说明理由。

无线电台（站）需要变更、增加无线电台识别码的，由无线电管理机构核发。

第三十二条 无线电台执照应当载明无线电台（站）的台址、使用频率、发射功率、有效期、使用要求等事项。

无线电台执照的样式由国家无线电管理机构统一规定。

第三十三条 无线电台（站）使用的无线电频率需要取得无线电频率使用许可的，其无线电台执照有效期不得超过无线电频率使用许可证规定的期限；依照本条例第十四条规定不需要取得无线电频率使用许可的，其无线电台执照有效期不得超过 5 年。

无线电台执照有效期届满后需要继续使用无线电台（站）的，应当在期限届满 30 个工作日前向作出许可决定的无线电管理机构申请更换无线电台执照。受理申请的无线电管理机构应当依照本条例第三十一条的规定作出决定。

第三十四条 国家无线电管理机构向国际电信联盟统一申请无线电台识别码序列，并对无线电台识别码进行编制和分配。

第三十五条 建设固定台址的无线电台（站）的选址，应当符合城乡规划的要求，避开影响其功能发挥的建筑物、设施等。地方人民政府制定、修改城乡规划，安排可能影响大型无线电台（站）功能发挥的建设项目的，应当考虑其功能发挥的需要，并征求所在地无线电管理机构和军队电磁频谱管理机构的意见。

设置大型无线电台（站）、地面公众移动通信基站，其台址布局规划应当符合资源共享和电磁环境保护的要求。

第三十六条　船舶、航空器、铁路机车（含动车组列车，下同）设置、使用制式无线电台应当符合国家有关规定，由国务院有关部门的无线电管理机构颁发无线电台执照；需要使用无线电台识别码的，同时核发无线电台识别码。国务院有关部门应当将制式无线电台执照及无线电台识别码的核发情况定期通报国家无线电管理机构。

船舶、航空器、铁路机车设置、使用非制式无线电台的管理办法，由国家无线电管理机构会同国务院有关部门制定。

第三十七条　遇有危及国家安全、公共安全、生命财产安全的紧急情况或者为了保障重大社会活动的特殊需要，可以不经批准临时设置、使用无线电台（站），但是应当及时向无线电台（站）所在地无线电管理机构报告，并在紧急情况消除或者重大社会活动结束后及时关闭。

第三十八条　无线电台（站）应当按照无线电台执照规定的许可事项和条件设置、使用；变更许可事项的，应当向作出许可决定的无线电管理机构办理变更手续。

无线电台（站）终止使用的，应当及时向作出许可决定的无线电管理机构办理注销手续，交回无线电台执照，拆除无线电台（站）及天线等附属设备。

第三十九条　使用无线电台（站）的单位或者个人应当对无线电台（站）进行定期维护，保证其性能指标符合国家标准和国家无线电管理的有关规定，避免对其他依法设置、使用的无线电台（站）产生有害干扰。

第四十条　使用无线电台（站）的单位或者个人应当遵守国家环境保护的规定，采取必要措施防止无线电波发射产生的电磁辐射污染环境。

第四十一条　使用无线电台（站）的单位或者个人不得故意收发无线电台执照许可事项之外的无线电信号，不得传播、公布或者利用无意接收的信息。

业余无线电台只能用于相互通信、技术研究和自我训练，并在业余业务或者卫星业余业务专用频率范围内收发信号，但是参与重大自然灾害等突发事件应急处置的除外。

第五章 无线电发射设备管理

第四十二条 研制无线电发射设备使用的无线电频率，应当符合国家无线电频率划分规定。

第四十三条 生产或者进口在国内销售、使用的无线电发射设备，应当符合产品质量等法律法规、国家标准和国家无线电管理的有关规定。

第四十四条 除微功率短距离无线电发射设备外，生产或者进口在国内销售、使用的其他无线电发射设备，应当向国家无线电管理机构申请型号核准。无线电发射设备型号核准目录由国家无线电管理机构公布。

生产或者进口应当取得型号核准的无线电发射设备，除应当符合本条例第四十三条的规定外，还应当符合无线电发射设备型号核准证核定的技术指标，并在设备上标注型号核准代码。

第四十五条 取得无线电发射设备型号核准，应当符合下列条件：

（一）申请人有相应的生产能力、技术力量、质量保证体系；

（二）无线电发射设备的工作频率、功率等技术指标符合国家标准和国家无线电管理的有关规定。

第四十六条 国家无线电管理机构应当依法对申请型号核准的无线电发射设备是否符合本条例第四十五条规定的条件进行审查，自受理申请之日起30个工作日内作出核准或者不予核准的决定。予以核准的，颁发无线电发射设备型号核准证；不予核准的，书面通知申请人并说明理由。

国家无线电管理机构应当定期将无线电发射设备型号核准的情况向社会公布。

第四十七条 进口依照本条例第四十四条的规定应当取得型号核准的无线电发射设备，进口货物收货人、携带无线电发射设备入境的人员、寄递无线电发射设备的收件人，应当主动向海关申报，凭无线电发射设备型号核准证办理通关手续。

进行体育比赛、科学实验等活动，需要携带、寄递依照本条例第四十四条的规定应当取得型号核准而未取得型号核准的无线电发射设备临时进关的，应当经无线电管理机构批准，凭批准文件办理通关手续。

第四十八条　销售依照本条例第四十四条的规定应当取得型号核准的无线电发射设备，应当向省、自治区、直辖市无线电管理机构办理销售备案。不得销售未依照本条例规定标注型号核准代码的无线电发射设备。

第四十九条　维修无线电发射设备，不得改变无线电发射设备型号核准证核定的技术指标。

第五十条　研制、生产、销售和维修大功率无线电发射设备，应当采取措施有效抑制电波发射，不得对依法设置、使用的无线电台（站）产生有害干扰。进行实效发射试验的，应当依照本条例第三十条的规定向省、自治区、直辖市无线电管理机构申请办理临时设置、使用无线电台（站）手续。

第六章　涉外无线电管理

第五十一条　无线电频率协调的涉外事宜，以及我国境内电台与境外电台的相互有害干扰，由国家无线电管理机构会同有关单位与有关的国际组织或者国家、地区协调处理。

需要向国际电信联盟或者其他国家、地区提供无线电管理相关资料的，由国家无线电管理机构统一办理。

第五十二条　在边境地区设置、使用无线电台（站），应当遵守我国与相关国家、地区签订的无线电频率协调协议。

第五十三条　外国领导人访华、各国驻华使领馆和享有外交特权与豁免的国际组织驻华代表机构需要设置、使用无线电台（站）的，应当通过外交途径经国家无线电管理机构批准。

除使用外交邮袋装运外，外国领导人访华、各国驻华使领馆和享有外交特权与豁免的国际组织驻华代表机构携带、寄递或者以其他方式运输依照本条例第四十四条的规定应当取得型号核准而未取得型号核准的无线电发射设备入境的，应当通过外交途径经国家无线电管理机构批准后办理通关手续。

其他境外组织或者个人在我国境内设置、使用无线电台（站）的，应当按照我国有关规定经相关业务主管部门报请无线电管理机构批准；携带、寄递或者以其他方式运输依照本条例第四十四条的规定应当取得型号核准而未取得型号核准的无线电发射设备入境的，应当按照我国有关规定经相关业务主管部门报无线电管理机构批准后，到海关办理无线电发射设备入境手续，但国家无线电管理机构规定不需要批准的除外。

第五十四条　外国船舶（含海上平台）、航空器、铁路机车、车辆等设置的无线电台在我国境内使用，应当遵守我国的法律、法规和我国缔结或者参加的国际条约。

第五十五条　境外组织或者个人不得在我国境内进行电波参数测试或者电波监测。

任何单位或者个人不得向境外组织或者个人提供涉及国家安全的境内电波参数资料。

第七章　无线电监测和电波秩序维护

第五十六条　无线电管理机构应当定期对无线电频率的使用情况和在用的无线电台（站）进行检查和检测，保障无线电台（站）的正常使用，维护正常的无线电波秩序。

第五十七条　国家无线电监测中心和省、自治区、直辖市无线电监测站作为无线电管理技术机构，分别在国家无线电管理机构和省、自治区、直辖市无线电管理机构领导下，对无线电信号实施监测，查找无线电干扰源和未经许可设置、使用的无线电台（站）。

第五十八条　国务院有关部门的无线电监测站负责对本系统（行业）的无线电信号实施监测。

第五十九条　工业、科学、医疗设备，电气化运输系统、高压电力线和其他电器装置产生的无线电波辐射，应当符合国家标准和国家无线电管理的有关规定。

制定辐射无线电波的非无线电设备的国家标准和技术规范，应当征求国家无线电管理机构的意见。

第六十条　辐射无线电波的非无线电设备对已依法设置、使用的无线电台（站）产生有害干扰的，设备所有者或者使用者应当采取措施予以消除。

第六十一条　经无线电管理机构确定的产生无线电波辐射的工程设施，可能对已依法设置、使用的无线电台（站）造成有害干扰的，其选址定点由地方人民政府城乡规划主管部门和省、自治区、直辖市无线电管理机构协商确定。

第六十二条　建设射电天文台、气象雷达站、卫星测控（导航）站、机场等需要电磁环境特殊保护的项目，项目建设单位应当在确定工程选址前对其选址进行电磁兼容分析和论证，并征求无线电管理机构的意见；未进行电磁兼容分析和论证，或者未征求、采纳无线电管理机构的意见的，不得向无线电管理机构提出排除有害干扰的要求。

第六十三条　在已建射电天文台、气象雷达站、卫星测控（导航）站、机场的周边区域，不得新建阻断无线电信号传输的高大建筑、设施，不得设置、使用干扰其正常使用的设施、设备。无线电管理机构应当会同城乡规划主管部门和其他有关部门制定具体的保护措施并向社会公布。

第六十四条　国家对船舶、航天器、航空器、铁路机车专用的无线电导航、遇险救助和安全通信等涉及人身安全的无线电频率予以特别保护。任何无线电发射设备和辐射无线电波的非无线电设备对其产生有害干扰的，应当立即消除有害干扰。

第六十五条　依法设置、使用的无线电台（站）受到有害干扰的，可以向无线电管理机构投诉。受理投诉的无线电管理机构应当及时处理，并将处理情况告知投诉人。

处理无线电频率相互有害干扰，应当遵循频带外让频带内、次要业务让主要业务、后用让先用、无规划让有规划的原则。

第六十六条　无线电管理机构可以要求产生有害干扰的无线电台（站）采取维修无线电发射设备、校准发射频率或者降低功率等措施消除有害干扰；无法消除有害干扰的，可以责令产生有害干扰的无线电台（站）暂停发射。

第六十七条　对非法的无线电发射活动，无线电管理机构可以暂扣无线电发射设备或者查封无线电台（站），必要时可以采取技术性阻断措施；无线电管理机构在无线电监测、检查工作中发现涉嫌违法犯罪活动的，应当及时通报公安机关并配合调查处理。

第六十八条　省、自治区、直辖市无线电管理机构应当加强对生产、销售无线电发射设备的监督检查，依法查处违法行为。县级以上地方人民政府产品质量监督部门、工商行政管理部门应当配合监督检查，并及时向无线电管理机构通报其在产品质量监督、市场监管执法过程中发现的违法生产、销售无线电发射设备的行为。

第六十九条　无线电管理机构和无线电监测中心（站）的工作人员应当对履行职责过程中知悉的通信秘密和无线电信号保密。

第八章　法律责任

第七十条　违反本条例规定，未经许可擅自使用无线电频率，或者擅自设置、使用无线电台（站）的，由无线电管理机构责令改正，没收从事违法活动的设备和违法所得，可以并处5万元以下的罚款；拒不改正的，并处5万元以上20万元以下的罚款；擅自设置、使用无线电台（站）从事诈骗等违法活动，尚不构成犯罪的，并处20万元以上50万元以下的罚款。

第七十一条　违反本条例规定，擅自转让无线电频率的，由无线电管理机构责令改正，没收违法所得；拒不改正的，并处违法所得1倍以上3倍以下的罚款；没有违法所得或者违法所得不足10万元的，处1万元以上10万元以下的罚款；造成严重后果的，吊销无线电频率使用许可证。

第七十二条　违反本条例规定，有下列行为之一的，由无线电管理机构责令改正，没收违法所得，可以并处3万元以下的罚款；造成严重后果的，吊销无线电台执照，并处3万元以上10万元以下的罚款：

（一）不按照无线电台执照规定的许可事项和要求设置、使用无线电台（站）；

（二）故意收发无线电台执照许可事项之外的无线电信号，传播、公布或者利用无意接收的信息；

（三）擅自编制、使用无线电台识别码。

第七十三条　违反本条例规定，使用无线电发射设备、辐射无线电波的非无线电设备干扰无线电业务正常进行的，由无线电管理机构责令改正，拒不改正的，没收产生有害干扰的设备，并处5万元以上20万元以下的罚款，吊销无线电台执照；对船舶、航天器、航空器、铁路机车专用无线电导航、遇险救助和安全通信等涉及人身安全的无线电频率产生有害干扰的，并处20万元以上50万元以下的罚款。

第七十四条　未按照国家有关规定缴纳无线电频率占用费的，由无线电管理机构责令限期缴纳；逾期不缴纳的，自滞纳之日起按日加收0.05%的滞纳金。

第七十五条　违反本条例规定，有下列行为之一的，由无线电管理机构责令改正；拒不改正的，没收从事违法活动的设备，并处3万元以上10万元以下的罚款；造成严重后果的，并处10万元以上30万元以下的罚款：

（一）研制、生产、销售和维修大功率无线电发射设备，未采取有效措施抑制电波发射；

（二）境外组织或者个人在我国境内进行电波参数测试或者电波监测；

（三）向境外组织或者个人提供涉及国家安全的境内电波参数资料。

第七十六条　违反本条例规定，生产或者进口在国内销售、使用的无线电发射设备未取得型号核准的，由无线电管理机构责令改正，处5万元以上20万元以下的罚款；拒不改正的，没收未取得型号核准的无线电发射设备，并处20万元以上100万元以下的罚款。

第七十七条　销售依照本条例第四十四条的规定应当取得型号核准的无线电发射设备未向无线电管理机构办理销售备案的，由无线电管理机构责令改正；拒不改正的，处1万元以上3万元以下的罚款。

第七十八条　销售依照本条例第四十四条的规定应当取得型号核准而未取得型号核准的无线电发射设备的，由无线电管理机构责令改正，没收违法销售的无线电发射设备和违法所得，可以并处违法销售的设备货值10%以下的罚款；拒不改正的，并处违法销售的设备货值10%以上30%以下的罚款。

第七十九条　维修无线电发射设备改变无线电发射设备型号核准证核定的技术指标的，由无线电管理机构责令改正；拒不改正的，处1万元以上3万元以下的罚款。

第八十条　生产、销售无线电发射设备违反产品质量管理法律法规的，由产品质量监督部门依法处罚。

进口无线电发射设备，携带、寄递或者以其他方式运输无线电发射设备入境，违反海关监管法律法规的，由海关依法处罚。

第八十一条　违反本条例规定，构成违反治安管理行为的，依法给予治安管理处罚；构成犯罪的，依法追究刑事责任。

第八十二条　无线电管理机构及其工作人员不依照本条例规定履行职责的，对负有责任的领导人员和其他直接责任人员依法给予处分。

第九章　附则

第八十三条　实施本条例规定的许可需要完成有关国内、国际协调或者履行国际规则规定程序的，进行协调以及履行程序的时间不计算在许可审查期限内。

第八十四条　军事系统无线电管理，按照军队有关规定执行。

涉及广播电视的无线电管理，法律、行政法规另有规定的，依照其规定执行。

第八十五条　本条例自2016年12月1日起施行。

第三节　工信部、国资委关于实施深入推进提速降费、促进实体经济发展2017专项行动的意见

（工信部联通信〔2017〕82号）

各省、自治区、直辖市及计划单列市、新疆生产建设兵团工业和信息化主管部门，各省、自治区、直辖市通信管理局，相关企业：

宽带网络是国家战略性公共基础设施，对促进经济转型升级、社会进步、民生改善具有重要支撑作用。为贯彻党中央、国务院系列重大决策部署，践行创新、协调、绿色、开放、共享的发展理念，加快建成高速畅通、覆盖城乡、质优价廉、服务便捷的宽带网络基础设施和服务体系，推动“互联网+”深入发展、促进数字经济加快成长，不断夯实宽带网络在经济社会发展中的战略性公共基础设施地位，让企业广泛受益、群众普遍受惠，决定组织实施深入推进提速降费、促进实体经济发展2017专项行动。现就有关工作提出以下意见：

一、加大电信基础设施投入，构建高速畅通网络

（一）持续推进高速宽带网络部署。鼓励企业加大投资力度，深入推进高速宽带网络基础设施建设。进一步扩大光纤网络覆盖，鼓励企业部署千兆光纤宽带网络，城镇地区基本具备百兆以上宽带接入能力。扩大4G网络覆盖广度和深度，进一步消除覆盖盲点，加快部署载波聚合等4G演进技术，提升高速移动宽带网络访问体验。继续开展5G技术研发第二阶段试验。

（二）同步提升城域网和骨干网能力。鼓励企业推进大容量传输网络技术部署，加快城域网和骨干网扩容，提升节点处理能力，提高网络承载能力；

积极引入部署软件定义网络（SDN）和网络功能虚拟化（NFV）等技术，提升网络智能调度能力，有效改善网内访问性能。

（三）持续改善网间及国际访问性能。持续优化互联网骨干网网络架构，扩大互联网网间带宽。2017 年完成杭州、福州、贵阳·贵安 3 个国家级互联网骨干直联点建设，网间互联带宽再扩容 1000G，提升网间通信质量。加强统筹协调，推进互联网国际出入口带宽扩容，稳步扩大基础电信企业与境外电信企业网络直联规模，逐步改善国际互联网访问体验。鼓励企业面向“一带一路”全球化战略需求，加快海外网络、数据中心和内容分发节点等方面的布局和优化升级。

（四）着力增强互联网网站服务能力。鼓励互联网企业增强网站服务能力和接入带宽保障，优化服务器策略配置。支持企业加快建设内容分发网络，推动内容分发功能向网络边缘延伸。引导企业将用户关注的热点内容推送到网络边缘节点，提升用户访问体验。发布互联网企业访问性能指标排名。

（五）扎实推进电信普遍服务试点。继续组织实施电信普遍服务试点，重点支持中西部省份、贫困地区、革命老区宽带建设，2017 年部署完成 3 万个行政村（含 8000 个贫困村）通光纤。鼓励企业采用光纤接入、4G 等多种技术方式，推进宽带网络向自然村延伸。

（六）加快推动 IPv6 在移动互联网中的端到端贯通。促进企业加大 LTE 核心网、承载网、支撑系统等的升级改造力度，网络各环节具备 IPv6 承载能力并开启相关功能；基础电信企业在主要自营业务系统中实现全面支持 IPv6，引导移动智能终端及移动互联网应用支持 IPv6 协议，推动 IPv6 在 LTE 网络中的端到端贯通。持续推进 IPv6 在物联网、工业互联网、车联网等领域的应用。

二、深挖宽带网络降费潜力，促进宽带普及普惠

（七）激发市场竞争活力。适时出台移动转售业务正式商用意见，加快移动转售市场发展，进一步扩大宽带接入网业务试点范围，充分释放民间资本创新活力。加强对移动转售业务批发价格的指导，强化对服务质量、实名制的监督。推动通用手机标准普及。研究推进不同基础电信企业全国网络之间的异网漫游试点，提高全国尤其是边远地区的网络覆盖水平。

（八）推进资费水平下降。支持基础电信企业全面取消手机国内长途和漫游费；大幅降低面向“双创”基地、中小微企业的互联网专线接入价格水平，助力大众创业、万众创新。支持基础电信企业合力加大与境外电信企业的国际结算价格谈判力度，不断降低国际长途电话资费水平。鼓励企业进一步简化资费方案，优化套餐设计。

（九）普及高速宽带应用。推动各地进一步提升光纤宽带用户和4G用户的普及，积极推动宽带在教育、医疗、养老、交通出行、社会管理等领域的创新应用和推广普及。到2017年底，全国固定宽带家庭普及率达到63%，移动宽带用户普及率达到75%，超过85%的固定宽带用户使用20Mbps以上宽带接入服务，超过50%的用户使用50Mbps以上宽带接入服务。

（十）助力扶贫攻坚工作。协调推进电信普遍服务试点与网络扶贫任务、扶贫攻坚计划等任务的有效衔接，促进农村地区光纤宽带和4G网络建设与公共服务信息化、农村电子商务、智慧农业、返乡创业等工作的协同发展。鼓励企业面向贫困群体推出定向优惠套餐。

三、鼓励宽带应用融合创新，加速经济转型升级

（十一）加快蜂窝物联网商用推广。面向蜂窝物联网应用需求，鼓励企业加快推进光纤宽带、LTE增强等宽带网络基础设施技术改造，扩大低时延、高可靠、广覆盖的蜂窝物联网部署规模，加快窄带物联网（NB-IoT）商用进程。拓展蜂窝物联网在工业互联网、城市公共服务及管理等领域的应用，支持智能工厂、智能网联汽车等创新业态发展。

（十二）提升“双创”服务能力。引导基础电信企业优化产业集聚区的光纤宽带和4G网络深度覆盖，加大对众创空间、孵化器等场所的支持力度，对“双创”基地宽带接入实施普遍提速。支持大型互联网企业、基础电信企业建设面向中小企业的“双创”服务平台，开放网络、平台等优势资源，降低中小企业和创业人员创业成本，助力“互联网+”和“双创”发展。

四、优化提速降费政策环境，保障行业健康发展

（十三）完善政策支持。进一步优化电信业务行政审批流程，提升审批效

率。推动地方政府将通信基础设施专项规划纳入城市总体规划及控制性详细规划，落实新建住宅光纤到户国家标准要求，加强既有建筑光纤入户设施设备共建共享，深入推进解决宽带接入“最后一公里”问题，逐步建立企业平等协商、多家公平接入的机制，保障用户使用宽带服务的自由选择权。鼓励地方政府进一步加大宽带网络基础设施保护力度，开放各类公共设施，为宽带网络设施的建设通行创造便利条件。继续优化电信企业考核，激励企业进一步深入实施提速降费。

（十四）加强市场监管。实施信息通信市场“护航计划”，推动企业信用体系建设。严厉打击宽带接入速率不达标、窃取用户流量、强制捆绑销售等违法违规行为，查处无证经营、超范围经营和层层转租转售等非法经营行为，规范宽带接入产品业务宣传、上行速率配置标准及服务约定。完善市场竞争规则，协调处理基础电信企业、互联网企业在重点、热点领域的竞争纠纷，维护公平有序的市场秩序。

（十五）强化信息公开。各地通信监管部门和基础电信企业要及时公开年度提速降费目标、工作举措和完成进度，接受社会监督。支持产业联盟等第三方机构开展网络速率和网络质量监测，发布宽带普及、宽带网速、互联网网站性能等排名。督促电信企业在官网醒目位置设置资费专区对业务资费进行公示并及时更新，完善电信资费水平监测，及时公布国际排名。完善技术手段，适时公布电信普遍服务试点工作进展。

（十六）加强监督检查。基础电信企业定期对本公司提速降费措施落实情况进行自查，相关情况及时上报。各地通信监管部门加强对本地区提速降费目标任务完成情况的监督检查。工业和信息化部联合相关部门组成专项督查组，开展重点专项督查，加强对电信普遍服务试点的指导和监督检查，确保完成年度建设目标。

（十七）做好舆论宣传。工业和信息化部、各地通信管理局、各企业做好提速降费工作进展和实施成效的宣传，接受舆论监督，及时发现和解决问题，主动答疑释惑，积极回应社会关注热点，营造良好的舆论氛围。

第四节 工业和信息化部办公厅关于全面推进移动物联网（NB－IoT）建设发展的通知

（工信厅通信函〔2017〕351号）

各省、自治区、直辖市及新疆生产建设兵团工业和信息化主管部门，各省、自治区、直辖市通信管理局，相关企业：

建设广覆盖、大连接、低功耗移动物联网（NB－IoT）基础设施、发展基于NB－IoT技术的应用，有助于推进网络强国和制造强国建设、促进“大众创业、万众创新”和“互联网＋”发展。为进一步夯实物联网应用基础设施，推进NB－IoT网络部署和拓展行业应用，加快NB－IoT的创新和发展，现就有关事项通知如下：

一、加强NB－IoT标准与技术研究，打造完整产业体系

（一）引领国际标准研究，加快NB－IoT标准在国内落地。加强NB－IoT技术的研究与创新，加快国际和国内标准的研究制定工作。在已完成的NB－IoT 3GPP国际标准基础上，结合国内NB－IoT网络部署规划、应用策略和行业需求，加快完成国内NB－IoT设备、模组等技术要求和测试方法标准制定。加强NB－IoT增强和演进技术研究，与5G海量物联网技术有序衔接，保障NB－IoT持续演进。

（二）开展关键技术研究，增强NB－IoT服务能力。针对不同垂直行业应用需求，对定位功能、移动性管理、节电、安全机制以及在不同应用环境和业务需求下的传输性能优化等关键技术进行研究，保障NB－IoT系统能够在不同环境下为不同业务提供可靠服务。加快eSIM/软SIM在NB－IoT网络中的应用方案研究。

（三）促进产业全面发展，健全NB－IoT完整产业链。相关企业在NB－IoT专用芯片、模组、网络设备、物联应用产品和服务平台等方面要加快产品研发，加强各环节协同创新，突破模组等薄弱环节，构建贯穿NB－IoT产品

各环节的完整产业链，提供满足市场需求的多样化产品和应用系统。

（四）加快推进网络部署，构建 NB－IoT 网络基础设施。基础电信企业要加大 NB－IoT 网络部署力度，提供良好的网络覆盖和服务质量，全面增强 NB－IoT 接入支撑能力。到 2017 年末，实现 NB－IoT 网络覆盖直辖市、省会城市等主要城市，基站规模达到 40 万个。到 2020 年，NB－IoT 网络实现全国普遍覆盖，面向室内、交通路网、地下管网等应用场景实现深度覆盖，基站规模达到 150 万个。加强物联网平台能力建设，支持海量终端接入，提升大数据运营能力。

二、推广 NB－IoT 在细分领域的应用，逐步形成规模应用体系

（五）开展 NB－IoT 应用试点示范工程，促进技术产业成熟。鼓励各地因地制宜，结合城市管理和产业发展需求，拓展基于 NB－IoT 技术的新应用、新模式和新业态，开展 NB－IoT 试点示范，并逐步扩大应用行业和领域范围。通过试点示范，进一步明确 NB－IoT 技术的适用场景，加强不同供应商产品的互操作性，促进 NB－IoT 技术和产业健康发展。2017 年实现基于 NB－IoT 的 M2M（机器与机器）连接超过 2000 万，2020 年总连接数超过 6 亿。

（六）推广 NB－IoT 在公共服务领域的应用，推进智慧城市建设。以水、电、气表智能计量、公共停车管理、环保监测等领域为切入点，结合智慧城市建设，加快发展 NB－IoT 在城市公共服务和公共管理中的应用，助力公共服务能力不断提升。

（七）推动 NB－IoT 在个人生活领域的应用，促进信息消费发展。加快 NB－IoT 技术在智能家居、可穿戴设备、儿童及老人照看、宠物追踪及消费电子等产品中的应用，加强商业模式创新，增强消费类 NB－IoT 产品供给能力，服务人民多彩生活，促进信息消费。

（八）探索 NB－IoT 在工业制造领域的应用，服务制造强国建设。探索 NB－IoT 技术与工业互联网、智能制造相结合的应用场景，推动融合创新，利用 NB－IoT 技术实现对生产制造过程的监控和控制，拓展 NB－IoT 技术在物流运输、农业生产等领域的应用，助力制造强国建设。

（九）鼓励 NB－IoT 在新技术新业务中的应用，助力创新创业。鼓励共享

单车、智能硬件等“双创”企业应用 NB - IoT 技术开展技术和业务创新。基础电信企业在接入、安全、计费、业务 QoS 保证、云平台及大数据处理等方面做好开放和服务，降低中小企业和创业人员的使用成本，助力“互联网 +”和“双创”发展。

三、优化 NB - IoT 应用政策环境，创造良好可持续发展条件

（十）合理配置 NB - IoT 系统工作频率，统筹规划码号资源分配。统筹考虑 3G、4G 及未来 5G 网络需求，面向基于 NB - IoT 的业务场景需求，合理配置 NB - IoT 系统工作频段。根据 NB - IoT 业务发展规模和需求，做好码号资源统筹规划、科学分配和调整。

（十一）建立健全 NB - IoT 网络和信息安全保障体系，提升安全保护能力。推动建立 NB - IoT 网络安全管理机制，明确运营企业、产品和服务提供商等不同主体的安全责任和义务，加强 NB - IoT 设备管理。建立覆盖感知层、传输层和应用层的网络安全体系。建立健全相关机制，加强用户信息、个人隐私和重要数据保护。

（十二）积极引导融合创新，营造良好发展环境。鼓励各地结合智慧城市、“互联网 +”和“双创”推进工作，加强信息行业与垂直行业融合创新，积极支持 NB - IoT 发展，建立有利于 NB - IoT 应用推广、创新激励、有序竞争的政策体系，营造良好发展环境。

（十三）组织建立产业联盟，建设 NB - IoT 公共服务平台。支持研究机构、基础电信企业、芯片、模组及设备制造企业、业务运营企业等产业链相关单位组建产业联盟，强化 NB - IoT 相关研究、测试验证和产业推进等公共服务，总结试点示范优秀案例经验，为 NB - IoT 大规模商用提供技术支撑。

（十四）完善数据统计机制，跟踪 NB - IoT 产业发展基本情况。基础电信企业、试点示范所在的地方工业和信息化主管部门和产业联盟要完善相关数据统计和信息采集机制，及时跟踪了解 NB - IoT 产业发展动态。

第五节　无线电频率使用许可管理办法

第一章　总则

第一条　为了加强无线电频率使用许可管理，规范无线电频率使用行为，有效利用无线电频谱资源，根据《中华人民共和国无线电管理条例》及其他法律、行政法规的规定，制定本办法。

第二条　向国家无线电管理机构和省、自治区、直辖市无线电管理机构（以下统称无线电管理机构）申请无线电频率使用许可，以及无线电管理机构实施无线电频率使用许可和监督管理，应当遵守本办法。

第三条　无线电频谱资源属于国家所有，实行有偿使用。

使用无线电频率应当按照国家有关规定缴纳无线电频率占用费。

第四条　使用无线电频率应当取得许可，但《中华人民共和国无线电管理条例》第十四条第一项至第三项所列的频率除外。

第二章　无线电频率使用许可的申请和审批

第五条　取得无线电频率使用许可，应当符合下列条件：

（一）所申请的无线电频率符合无线电频率划分和使用规定，有明确具体的用途；

（二）使用无线电频率的技术方案可行；

（三）有相应的专业技术人员；

（四）对依法使用的其他无线电频率不会产生有害干扰；

（五）法律、行政法规规定的其他条件。

使用卫星无线电频率，还应当符合空间无线电业务管理相关规定。

第六条　申请办理无线电频率使用许可，应当向无线电管理机构提交下列材料：

（一）使用无线电频率的书面申请及申请人身份证明材料；

（二）申请人基本情况，包括开展相关无线电业务的专业技术人员、技能和管理措施等；

（三）拟开展的无线电业务的情况说明，包括功能、用途、通信范围（距离)、服务对象和预测规模以及建设计划等；

（四）技术可行性研究报告，包括拟采用的通信技术体制和标准、系统配置情况、拟使用系统（设备）的频率特性、频率选用（组网）方案和使用率、主要使用区域的电波传播环境、干扰保护和控制措施，以及运行维护措施等；

（五）依法使用无线电频率的承诺书；

（六）法律、行政法规规定的其他材料。

无线电频率拟用于开展射电天文业务的，还应当提供具体的使用地点和有害干扰保护要求；用于开展空间无线电业务的，还应当提供拟使用的空间无线电台、卫星轨道位置、卫星覆盖范围、实际传输链路设计方案和计算等信息，以及关于可用的相关卫星无线电频率和完成国内协调并开展必要国际协调的证明材料。

无线电频率拟用于开展的无线电业务，依法需要取得有关部门批准的，还应当提供相应的批准文件。

第七条　国家无线电管理机构和省、自治区、直辖市无线电管理机构应当依据《中华人民共和国无线电管理条例》第十八条第一款规定的审批权限，实施无线电频率使用许可。

第八条　无线电管理机构应当对申请无线电频率使用许可的材料进行审查。申请材料齐全、符合法定形式的，应当予以受理，并向申请人出具受理申请通知书。申请材料不齐全或者不符合法定形式的，应当当场或者在5个工作日内一次性告知申请人需要补正的全部内容，逾期不告知的，自收到申请材料之日起即为受理。

第九条　无线电管理机构应当自受理申请之日起20个工作日内审查完毕，依照本办法第五条规定的条件，并综合考虑国家安全需要和可用频率的情况，作出准予许可或者不予许可的决定。20个工作日内不能作出决定的，经无线电管理机构负责人批准可以延长10个工作日，并应当将延长期限的理由告知申请人。

无线电管理机构作出准予许可的决定的，应当自作出决定之日起10个工作日内向申请人颁发无线电频率使用许可证。不予许可的，应当出具不予许可决定书，向申请人说明理由，并告知申请人享有依法申请行政复议或者提起行政诉讼的权利。

无线电管理机构采取招标、拍卖的方式实施无线电频率使用许可的，应当遵守有关法律、行政法规规定的程序。

第十条　无线电管理机构对无线电频率使用许可申请进行审查时，可以组织专家评审、依法举行听证。专家评审和听证所需时间不计算在本办法第九条规定的许可期限内，但无线电管理机构应当将所需时间书面告知申请人。

实施无线电频率使用许可需要完成有关国内、国际协调或者履行国际规则规定程序的，进行协调以及履行程序的时间不计算在本办法第九条规定的许可期限内。

第十一条　无线电管理机构作出无线电频率使用许可的决定时，应当明确无线电频率使用许可的期限。

无线电频率使用许可的期限不得超过10年。临时使用无线电频率的，无线电频率使用许可的期限不超过12个月。

第十二条　无线电频率使用许可证由正文、特别规定事项、许可证使用须知、无线电频率使用人的权利义务等内容组成。

无线电频率使用许可证正文应当载明无线电频率使用人、使用频率、使用地域、业务用途、使用期限、使用率要求、许可证编号、发证机关及签发时间等事项。

无线电频率使用许可证的具体内容由国家无线电管理机构制定并公布。国家无线电管理机构可以根据实际情况调整无线电频率使用许可证的内容。

对于临时使用无线电频率、试验使用无线电频率和国家无线电管理机构确定的其他情形，无线电管理机构可以颁发无线电频率使用批准文件，并载明本条第二款规定的事项。无线电频率使用批准文件与无线电频率使用许可证具有同等效力。

第十三条　无线电频率使用许可证由无线电管理机构负责人签发，加盖发证机关印章。

第十四条　无线电频率使用许可证样式由国家无线电管理机构统一规定。

第三章　无线电频率的使用

第十五条　使用无线电频率，应当遵守国家无线电管理的有关规定和无线电频率使用许可证的要求，接受、配合无线电管理机构的监督管理。

第十六条 无线电频率使用许可证应当妥善保存。任何组织或者个人不得伪造、涂改、冒用无线电频率使用许可证。

第十七条 国家根据维护国家安全、保障国家重大任务、处置重大突发事件等需要依法实施无线电管制的，管制区域内的无线电频率使用人应当遵守有关管制规定。

第十八条 无线电频率使用人不得擅自转让无线电频率使用权，不得擅自扩大使用范围或者改变用途。

需要转让无线电频率使用权的，受让人应当符合本办法第五条规定的条件，提交双方转让协议和本办法第六条规定的材料，依照本办法第九条规定的程序报请无线电管理机构批准。

第十九条 依法使用的无线电频率受到有害干扰的，可以向无线电管理机构投诉，无线电管理机构应当及时协调处理，并将处理情况告知投诉人。

第二十条 无线电频率使用人拟变更无线电频率使用许可证所载事项的，应当向作出许可决定的无线电管理机构提出申请。符合法定条件的，无线电管理机构应当依法办理变更手续。

第二十一条 无线电频率使用期限届满需要继续使用的，应当在期限届满30个工作日前向作出许可决定的无线电管理机构提出延续申请。无线电管理机构应当依照本办法第五条、第九条的规定进行审查，作出是否准予延续的决定。

第四章 监督管理

第二十二条 无线电管理机构应当对无线电频率使用行为进行监督检查。

无线电管理机构根据需要可以组织开展无线电频率使用评估，对无线电频率使用情况、使用率等进行检查。

第二十三条 无线电频率使用人应当于每年第一季度末前，按照无线电频率使用许可证的要求，向作出许可决定的无线电管理机构报送上一年度的无线电频率使用报告，包括上一年度无线电频率使用情况、执行无线电管理规定的情况等。无线电频率使用人应当对报告的真实性负责。

第二十四条 任何组织或者个人对未经许可擅自使用无线电频率或者违法使用无线电频率的行为，有权向无线电管理机构举报，无线电管理机构应当及时核实、处理。

第二十五条　有下列情形之一的，作出许可决定的无线电管理机构或者国家无线电管理机构可以撤销无线电频率使用许可：

（一）无线电管理机构工作人员滥用职权、玩忽职守作出准予许可决定的；

（二）超越法定职权或者违反法定程序作出准予许可决定的；

（三）对不具备申请资格或者不符合法定条件的申请人作出准予许可决定的；

（四）除因不可抗力外，取得无线电频率使用许可后超过2年不使用或者使用率达不到无线电频率许可证规定要求的；

（五）依法可以撤销无线电频率使用许可的其他情形。

无线电频率使用人以欺骗、贿赂等不正当手段取得无线电频率使用许可的，应当予以撤销。

第二十六条　有下列情形之一的，无线电管理机构应当依法办理无线电频率使用许可的注销手续：

（一）无线电频率使用许可的期限届满未书面申请延续或者未准予延续的；

（二）无线电频率使用人在无线电频率使用期限内申请终止使用频率的；

（三）无线电频率使用许可被依法撤销、撤回，或者无线电频率使用许可证依法被吊销的；

（四）因不可抗力导致无线电频率使用许可事项无法实施的；

（五）取得无线电频率使用许可的自然人死亡、丧失行为能力或者法人、其他组织依法终止的；

（六）法律、法规规定的其他情形。

无线电管理机构注销无线电频率使用许可的，同时收回无线电频率。

第五章　法律责任

第二十七条　申请人隐瞒有关情况或者提供虚假材料申请无线电频率使用许可的，无线电管理机构不予受理或者不予许可，并给予警告，申请人在一年内不得再次申请该许可。

以欺骗、贿赂等不正当手段取得无线电频率使用许可的，无线电管理机构给予警告，并视情节轻重处五千元以上三万元以下的罚款，申请人在三年内不得再次申请该许可。

第二十八条　未经许可擅自使用无线电频率、擅自转让无线电频率、未按照国家有关规定缴纳无线电频率占用费的，无线电管理机构应当分别依照《中华人民共和国无线电管理条例》第七十条、第七十一条、第七十四条的规定处理。

第二十九条　无线电频率使用人违反无线电频率使用许可证的要求使用频率，或者拒不接受、配合无线电管理机构依法实施的监督管理的，无线电管理机构应当责令改正，给予警告，可以并处五千元以上三万元以下的罚款。

第三十条　伪造、涂改、冒用无线电频率使用许可证的，无线电管理机构应当责令改正，给予警告或者处三万元以下的罚款。

第三十一条　无线电频率使用人在无线电频率使用许可的期限内，降低其申请取得无线电频率使用许可时所应当符合的条件的，无线电管理机构应当责令改正；拒不改正的，处三万元以下的罚款并将上述情况向社会公告。

第三十二条　无线电频率使用人对无线电管理机构作出的行政许可或者行政处罚决定不服的，可以依法申请行政复议或者提起行政诉讼。

第三十三条　无线电管理机构工作人员在实施无线电频率使用许可和监督管理工作中，滥用职权、玩忽职守、徇私舞弊的，依法给予处分。

第三十四条　违反本办法规定，构成犯罪的，依法追究刑事责任。

第六章　附则

第三十五条　无线电频率使用许可的涉外事宜，依照《中华人民共和国无线电管理条例》和其他相关法律、行政法规规定办理。

无线电频率使用人取得的相应使用许可中未确定频率使用期限的，如频率使用时间已超过 10 年并且需要继续使用，应当自本办法施行之日起 6 个月内办理延续手续。

第三十六条　本办法自 2017 年 9 月 1 日起施行。本办法施行前颁布的有关规定与本办法不一致的，按照本办法执行。

第六节　最高人民法院、最高人民检察院、公安部关于办理电信网络诈骗等刑事案件适用法律若干问题的意见

为依法惩治电信网络诈骗等犯罪活动，保护公民、法人和其他组织的合法权益，维护社会秩序，根据《中华人民共和国刑法》《中华人民共和国刑事诉讼法》等法律和有关司法解释的规定，结合工作实际，制定本意见。

一、总体要求

近年来，利用通讯工具、互联网等技术手段实施的电信网络诈骗犯罪活动持续高发，侵犯公民个人信息，扰乱无线电通讯管理秩序，掩饰、隐瞒犯罪所得、犯罪所得收益等上下游关联犯罪不断蔓延。此类犯罪严重侵害人民群众财产安全和其他合法权益，严重干扰电信网络秩序，严重破坏社会诚信，严重影响人民群众安全感和社会和谐稳定，社会危害性大，人民群众反映强烈。

人民法院、人民检察院、公安机关要针对电信网络诈骗等犯罪的特点，坚持全链条全方位打击，坚持依法从严从快惩处，坚持最大力度最大限度追赃挽损，进一步健全工作机制，加强协作配合，坚决有效遏制电信网络诈骗等犯罪活动，努力实现法律效果和社会效果的高度统一。

二、依法严惩电信网络诈骗犯罪

（一）根据《最高人民法院、最高人民检察院关于办理诈骗刑事案件具体应用法律若干问题的解释》第一条的规定，利用电信网络技术手段实施诈骗，诈骗公私财物价值三千元以上、三万元以上、五十万元以上的，应当分别认定为刑法第二百六十六条规定的“数额较大”“数额巨大”“数额特别巨大”。

二年内多次实施电信网络诈骗未经处理，诈骗数额累计计算构成犯罪的，应当依法定罪处罚。

（二）实施电信网络诈骗犯罪，达到相应数额标准，具有下列情形之一的，酌情从重处罚：

1. 造成被害人或其近亲属自杀、死亡或者精神失常等严重后果的；

2. 冒充司法机关等国家机关工作人员实施诈骗的；

3. 组织、指挥电信网络诈骗犯罪团伙的；

4. 在境外实施电信网络诈骗的；

5. 曾因电信网络诈骗犯罪受过刑事处罚或者二年内曾因电信网络诈骗受过行政处罚的；

6. 诈骗残疾人、老年人、未成年人、在校学生、丧失劳动能力人的财物，或者诈骗重病患者及其亲属财物的；

7. 诈骗救灾、抢险、防汛、优抚、扶贫、移民、救济、医疗等款物的；

8. 以赈灾、募捐等社会公益、慈善名义实施诈骗的；

9. 利用电话追呼系统等技术手段严重干扰公安机关等部门工作的；

10. 利用“钓鱼网站”链接、“木马”程序链接、网络渗透等隐蔽技术手段实施诈骗的。

（三）实施电信网络诈骗犯罪，诈骗数额接近“数额巨大”“数额特别巨大”的标准，具有前述第（二）条规定的情形之一的，应当分别认定为刑法第二百六十六条规定的“其他严重情节”“其他特别严重情节”。

上述规定的“接近”，一般应掌握在相应数额标准的百分之八十以上。

（四）实施电信网络诈骗犯罪，犯罪嫌疑人、被告人实际骗得财物的，以诈骗罪（既遂）定罪处罚。诈骗数额难以查证，但具有下列情形之一的，应当认定为刑法第二百六十六条规定的“其他严重情节”，以诈骗罪（未遂）定罪处罚：

1. 发送诈骗信息五千条以上的，或者拨打诈骗电话五百人次以上的；

2. 在互联网上发布诈骗信息，页面浏览量累计五千次以上的。

具有上述情形，数量达到相应标准十倍以上的，应当认定为刑法第二百六十六条规定的“其他特别严重情节”，以诈骗罪（未遂）定罪处罚。

上述“拨打诈骗电话”，包括拨出诈骗电话和接听被害人回拨电话。反复拨打、接听同一电话号码，以及反复向同一被害人发送诈骗信息的，拨打、接听电话次数、发送信息条数累计计算。

因犯罪嫌疑人、被告人故意隐匿、毁灭证据等原因，致拨打电话次数、发送信息条数的证据难以收集的，可以根据经查证属实的日拨打人次数、日发送信息条数，结合犯罪嫌疑人、被告人实施犯罪的时间、犯罪嫌疑人、被告人的供述等相关证据，综合予以认定。

（五）电信网络诈骗既有既遂，又有未遂，分别达到不同量刑幅度的，依照处罚较重的规定处罚；达到同一量刑幅度的，以诈骗罪既遂处罚。

（六）对实施电信网络诈骗犯罪的被告人裁量刑罚，在确定量刑起点、基准刑时，一般应就高选择。确定宣告刑时，应当综合全案事实情节，准确把握从重、从轻量刑情节的调节幅度，保证罪责刑相适应。

（七）对实施电信网络诈骗犯罪的被告人，应当严格控制适用缓刑的范围，严格掌握适用缓刑的条件。

（八）对实施电信网络诈骗犯罪的被告人，应当更加注重依法适用财产刑，加大经济上的惩罚力度，最大限度剥夺被告人再犯的能力。

三、全面惩处关联犯罪

（一）在实施电信网络诈骗活动中，非法使用“伪基站”“黑广播”，干扰无线电通讯秩序，符合刑法第二百八十八条规定的，以扰乱无线电通讯管理秩序罪追究刑事责任。同时构成诈骗罪的，依照处罚较重的规定定罪处罚。

（二）违反国家有关规定，向他人出售或者提供公民个人信息，窃取或者以其他方法非法获取公民个人信息，符合刑法第二百五十三条之一规定的，以侵犯公民个人信息罪追究刑事责任。

使用非法获取的公民个人信息，实施电信网络诈骗犯罪行为，构成数罪的，应当依法予以并罚。

（三）冒充国家机关工作人员实施电信网络诈骗犯罪，同时构成诈骗罪和招摇撞骗罪的，依照处罚较重的规定定罪处罚。

（四）非法持有他人信用卡，没有证据证明从事电信网络诈骗犯罪活动，符合刑法第一百七十七条之一第一款第（二）项规定的，以妨害信用卡管理罪追究刑事责任。

（五）明知是电信网络诈骗犯罪所得及其产生的收益，以下列方式之一予以转账、套现、取现的，依照刑法第三百一十二条第一款的规定，以掩饰、隐瞒犯罪所得、犯罪所得收益罪追究刑事责任。但有证据证明确实不知道的除外：

1. 通过使用销售点终端机具（POS 机）刷卡套现等非法途径，协助转换或者转移财物的；

2. 帮助他人将巨额现金散存于多个银行账户，或在不同银行账户之间频繁划转的；

3. 多次使用或者使用多个非本人身份证明开设的信用卡、资金支付结算账户或者多次采用遮蔽摄像头、伪装等异常手段，帮助他人转账、套现、取现的；

4. 为他人提供非本人身份证明开设的信用卡、资金支付结算账户后，又帮助他人转账、套现、取现的；

5. 以明显异于市场的价格，通过手机充值、交易游戏点卡等方式套现的。

实施上述行为，事前通谋的，以共同犯罪论处。

实施上述行为，电信网络诈骗犯罪嫌疑人尚未到案或案件尚未依法裁判，但现有证据足以证明该犯罪行为确实存在的，不影响掩饰、隐瞒犯罪所得、犯罪所得收益罪的认定。

实施上述行为，同时构成其他犯罪的，依照处罚较重的规定定罪处罚。法律和司法解释另有规定的除外。

（六）网络服务提供者不履行法律、行政法规规定的信息网络安全管理义务，经监管部门责令采取改正措施而拒不改正，致使诈骗信息大量传播，或者用户信息泄露造成严重后果的，依照刑法第二百八十六条之一的规定，以拒不履行信息网络安全管理义务罪追究刑事责任。同时构成诈骗罪的，依照处罚较重的规定定罪处罚。

（七）实施刑法第二百八十七条之一、第二百八十七条之二规定之行为，构成非法利用信息网络罪、帮助信息网络犯罪活动罪，同时构成诈骗罪的，依照处罚较重的规定定罪处罚。

（八）金融机构、网络服务提供者、电信业务经营者等在经营活动中，违反国家有关规定，被电信网络诈骗犯罪分子利用，使他人遭受财产损失的，依法承担相应责任。构成犯罪的，依法追究刑事责任。

四、准确认定共同犯罪与主观故意

（一）三人以上为实施电信网络诈骗犯罪而组成的较为固定的犯罪组织，应依法认定为诈骗犯罪集团。对组织、领导犯罪集团的首要分子，按照集团所犯的全部罪行处罚。对犯罪集团中组织、指挥、策划者和骨干分子依法从严惩处。

对犯罪集团中起次要、辅助作用的从犯，特别是在规定期限内投案自首、积极协助抓获主犯、积极协助追赃的，依法从轻或减轻处罚。

对犯罪集团首要分子以外的主犯，应当按照其所参与的或者组织、指挥的全部犯罪处罚。全部犯罪包括能够查明具体诈骗数额的事实和能够查明发送诈骗信息条数、拨打诈骗电话人次数、诈骗信息网页浏览次数的事实。

（二）多人共同实施电信网络诈骗，犯罪嫌疑人、被告人应对其参与期间该诈骗团伙实施的全部诈骗行为承担责任。在其所参与的犯罪环节中起主要作用的，可以认定为主犯；起次要作用的，可以认定为从犯。

上述规定的“参与期间”，从犯罪嫌疑人、被告人着手实施诈骗行为开始起算。

（三）明知他人实施电信网络诈骗犯罪，具有下列情形之一的，以共同犯罪论处，但法律和司法解释另有规定的除外：

1．提供信用卡、资金支付结算账户、手机卡、通讯工具的；

2．非法获取、出售、提供公民个人信息的；

3．制作、销售、提供“木马”程序和“钓鱼软件”等恶意程序的；

4．提供“伪基站”设备或相关服务的；

5．提供互联网接入、服务器托管、网络存储、通讯传输等技术支持，或者提供支付结算等帮助的；

6．在提供改号软件、通话线路等技术服务时，发现主叫号码被修改为国内党政机关、司法机关、公共服务部门号码，或者境外用户改为境内号码，仍提供服务的；

7．提供资金、场所、交通、生活保障等帮助的；

8. 帮助转移诈骗犯罪所得及其产生的收益，套现、取现的。

上述规定的“明知他人实施电信网络诈骗犯罪”，应当结合被告人的认知能力，既往经历，行为次数和手段，与他人关系，获利情况，是否曾因电信网络诈骗受过处罚，是否故意规避调查等主客观因素进行综合分析认定。

（四）负责招募他人实施电信网络诈骗犯罪活动，或者制作、提供诈骗方案、术语清单、语音包、信息等的，以诈骗共同犯罪论处。

（五）部分犯罪嫌疑人在逃，但不影响对已到案共同犯罪嫌疑人、被告人的犯罪事实认定的，可以依法先行追究已到案共同犯罪嫌疑人、被告人的刑事责任。

五、依法确定案件管辖

（一）电信网络诈骗犯罪案件一般由犯罪地公安机关立案侦查，如果由犯罪嫌疑人居住地公安机关立案侦查更为适宜的，可以由犯罪嫌疑人居住地公安机关立案侦查。犯罪地包括犯罪行为发生地和犯罪结果发生地。

“犯罪行为发生地”包括用于电信网络诈骗犯罪的网站服务器所在地，网站建立者、管理者所在地，被侵害的计算机信息系统或其管理者所在地，犯罪嫌疑人、被害人使用的计算机信息系统所在地，诈骗电话、短信息、电子邮件等的拨打地、发送地、到达地、接受地，以及诈骗行为持续发生的实施地、预备地、开始地、途经地、结束地。

“犯罪结果发生地”包括被害人被骗时所在地，以及诈骗所得财物的实际取得地、藏匿地、转移地、使用地、销售地等。

（二）电信网络诈骗最初发现地公安机关侦办的案件，诈骗数额当时未达到“数额较大”标准，但后续累计达到“数额较大”标准，可由最初发现地公安机关立案侦查。

（三）具有下列情形之一的，有关公安机关可以在其职责范围内并案侦查：

1. 一人犯数罪的；

2. 共同犯罪的；

3. 共同犯罪的犯罪嫌疑人还实施其他犯罪的；

4．多个犯罪嫌疑人实施的犯罪存在直接关联，并案处理有利于查明案件事实的。

（四）对因网络交易、技术支持、资金支付结算等关系形成多层级链条、跨区域的电信网络诈骗等犯罪案件，可由共同上级公安机关按照有利于查清犯罪事实、有利于诉讼的原则，指定有关公安机关立案侦查。

（五）多个公安机关都有权立案侦查的电信网络诈骗等犯罪案件，由最初受理的公安机关或者主要犯罪地公安机关立案侦查。有争议的，按照有利于查清犯罪事实、有利于诉讼的原则，协商解决。经协商无法达成一致的，由共同上级公安机关指定有关公安机关立案侦查。

（六）在境外实施的电信网络诈骗等犯罪案件，可由公安部按照有利于查清犯罪事实、有利于诉讼的原则，指定有关公安机关立案侦查。

（七）公安机关立案、并案侦查，或因有争议，由共同上级公安机关指定立案侦查的案件，需要提请批准逮捕、移送审查起诉、提起公诉的，由该公安机关所在地的人民检察院、人民法院受理。

对重大疑难复杂案件和境外案件，公安机关应在指定立案侦查前，向同级人民检察院、人民法院通报。

（八）已确定管辖的电信诈骗共同犯罪案件，在逃的犯罪嫌疑人归案后，一般由原管辖的公安机关、人民检察院、人民法院管辖。

六、证据的收集和审查判断

（一）办理电信网络诈骗案件，确因被害人人数众多等客观条件的限制，无法逐一收集被害人陈述的，可以结合已收集的被害人陈述，以及经查证属实的银行账户交易记录、第三方支付结算账户交易记录、通话记录、电子数据等证据，综合认定被害人人数及诈骗资金数额等犯罪事实。

（二）公安机关采取技术侦查措施收集的案件证明材料，作为证据使用的，应当随案移送批准采取技术侦查措施的法律文书和所收集的证据材料，并对其来源等作出书面说明。

（三）依照国际条约、刑事司法协助、互助协议或平等互助原则，请求证据材料所在地司法机关收集，或通过国际警务合作机制、国际刑警组织启动合作取证程序收集的境外证据材料，经查证属实，可以作为定案的依据。公安机关应对其来源、提取人、提取时间或者提供人、提供时间以及保管移交的过程等作出说明。

对其他来自境外的证据材料，应当对其来源、提供人、提供时间以及提取人、提取时间进行审查。能够证明案件事实且符合刑事诉讼法规定的，可以作为证据使用。

七、涉案财物的处理

（一）公安机关侦办电信网络诈骗案件，应当随案移送涉案赃款赃物，并附清单。人民检察院提起公诉时，应一并移交受理案件的人民法院，同时就涉案赃款赃物的处理提出意见。

（二）涉案银行账户或者涉案第三方支付账户内的款项，对权属明确的被害人的合法财产，应当及时返还。确因客观原因无法查实全部被害人，但有证据证明该账户系用于电信网络诈骗犯罪，且被告人无法说明款项合法来源的，根据刑法第六十四条的规定，应认定为违法所得，予以追缴。

（三）被告人已将诈骗财物用于清偿债务或者转让给他人，具有下列情形之一的，应当依法追缴：

1. 对方明知是诈骗财物而收取的；

2. 对方无偿取得诈骗财物的；

3. 对方以明显低于市场的价格取得诈骗财物的；

4. 对方取得诈骗财物系源于非法债务或者违法犯罪活动的。

他人善意取得诈骗财物的，不予追缴。

最高人民法院　最高人民检察院　公安部

后记

《2017—2018年中国无线电应用与管理蓝皮书》由赛迪智库无线电管理研究所编撰完成，本书介绍了无线电应用与管理概况，力求为各级无线电应用和管理部门、相关行业企业提供参考。

本书主要分为综合篇、专题篇、政策篇、热点篇、展望篇共五个部分，各篇章撰写人员如下：综合篇：彭健；专题篇：孙美玉；政策篇：滕学强；热点篇：滕学强；展望篇：周钰哲。在本书的研究和编写过程中，得到了工业和信息化部无线电管理局领导、地方无线电管理机构以及行业专家的大力支持，为本书的编撰提供了大量宝贵的材料，提出了诸多宝贵建议和修改意见，在此，编写组表示诚挚的感谢！

本书历时数月，虽经编撰人员的不懈努力，但由于能力和时间所限，不免存在疏漏和不足之处，敬请广大读者和专家批评指正。希望本书的出版能够记录我国无线电应用与管理在2017年至2018年度的发展，并为促进无线电相关产业的健康发展贡献绵薄之力。